KB176655

병든 지구와 인간을 살리는 명의

미생물을 제대로 아시나요?

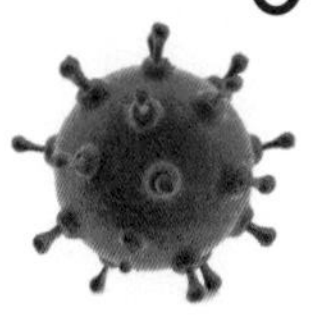

PROLOG

지금, 왜, 미생물을 말하는가?

지난 여름, 유난히도 무덥던 날이었다. 서울의 모 대학 병원에서 열린 세미나에 초청되어 강연을 하러 간 일이 있다. 더위에도 아랑곳하지 않고 일요일이라는 귀한 휴일을 반납해가며 전국에서 약 2백여 명의 한의사 분들이 모여들었다. 미생물 복합결합균을 이용한 발효한약의 제조방법, 효능, 임상사례, 응용방법 등에 대해 발표하고 공부하는 자리였다.

사람들은 처음에 조금 의아했을 것이다. 한의사도 아니고 의사도 아니고 한약 개발자도 아닌 사람이 그 세미나에 참석하여 무슨 강연을 하려는 것일까. 더구나 정치하는 사람이 아닌가. 한의사들의 세미나 자리에 와서 정치적 선전을 하려는 속셈은 아닐까 의심한 사람들도 더러 있었을 것이다.

내가 그 세미나에 참석한 이유는 단순하다. 다름 아닌 미생물이 주인공인 자리였기 때문이다. 물론 나는 미생물 전문가는 아니다. 다만, 과학이 얼마나 중요한가를 늘 실감하며 살아가는 사람이고, 그 가운데서도 현대 과학의 미래가 미생물에 달려 있다는 확신을 갖고 있는 사람이다. 한 마디로 미생물을 열렬히 사랑하는 사람이다. 우리는 김치, 된장, 청국장 등 이미 발효균에 대한 오랜 역사적 노하우를 가진 민족이다. 유럽이나 일본보다 미생물 산업을 발전시킬 수 있는 토양을 더 많이 가졌다는 뜻이다. 그러므로 우리 전통의 한약에 미생물 발효를 접목시키는 작업은 당연하고도 반가운 일이 아닐 수 없다.

왜 일본 의사들은 한국의 돈 많은 사람들이 간이 나쁘다고 하면 보약 때문이라 이야기하는가. 사람을 비롯해 모든 생명체는 국방체제를 가지고 있다. 식물은 도망을 못 가니까 동물보다 국방체제가 강하다. 동물의 국방체제가 탱크 10대 정도의 규모라면 식물은 30대 정도를 보유하고 있을 정도로 훨씬 강하다. 한약을 달인다는 것은 큰 통나무를 장작으로 만드는 것처럼 가수분해하기 위해서이다. 말하자면 식물이 가진 30대의 탱크를 분해해서 우리 몸을 철분으로 바꿔주는 셈이다. 한약재를 통째로 먹는다면 간에 부담이 되므로 당연히 간 기능이 나빠질 수도 있다. 그러나 우리가 먹는 한약은 한약재를 통째로 먹는 것이 아니라 물을 붓고 오랜 시간을 달여서 분해를 시킨 것이다. 그러므로 일본 의사들의 진단은 완전히 잘못된 것이다. 미생물이 원소를 바꾸므로 분해를 시키는 작업은 곧 발효라고 할 수 있다. 우리의 발효 음식 문화는 이미 5천 년의 역사를 갖고 있으며 지금까지 전통 발효 음식을 먹고 탈이 났다는 기록은 어느 문헌에도 단 한 줄도 나와 있지 않다.

2000년대 이후 미생물 시장은 세계적으로 급성장하고 있는 추세이다. 일본의 경우, 미생물 균 하나가 일본 전체의 자동차 산업과 맞먹는 거대 시장으로 자리매김하고 있을 정도이다. 유럽과 미국 등 선진국에서도 이미 유산균을 비롯한 각종 미생물들을 질병 예방과 치료에 이용하고 있다. 뿐만 아니라 미생물은 핵폭발로 방사능 오염이 된 지역에도 식물이 자랄 수 있게 재생하는 녹색 환경의 산모 역할도 하고 있다. 음식을 만들어 먹고, 옷을 만들어 입고, 집을 짓는 등 인간의 기본적인 의식주와도 미생물은 밀접한 관계를 맺고 있다. 또한 여러 가지 생리활성물질을 생산하고 각종 물질을 분해하는 능력이 있으므로 항암제, 항생제, 백신 등으로 거듭나며 인간의 건강과 장수를 좌지우지하는 것도 바로 미생물들이다.

그러므로 나는 분야를 막론하고 전문가 집단이 모이는 자리라면 열일을 제쳐놓고 달려간다. 왜? 미생물이 얼마나 중요한 고부가가치 소재인가를 강조하고 또 강조하기 위해서이다. 유능한 우리나라의 전문 인력들이 미생물의 비밀스럽고도 어마어마한 파워를 인지하고 각종 산업에 활용해주었으면 하는 간절한 바람이 있다. 미생물의 활용은 미생물 전문가만이 하는 것이 아니다. 누구나 가능하다. 중요한 것은 상상력이다. 세상에는 수천만 종의 미생물들이 곳곳에서 우글거리고 있으며 그들의 능력은 각자 다 다르기 때문에 미생물을 알아내고 활용하고자 하는 의지만 있다면 얼마든지 상상을 현실로 만들어낼 수 있다. 나의 이러한 생각이 한의사들의 세미나 자리에도 참석을 하도록 이끌었고, 급기야는 이렇게 미생물에 관한 책까지 내기에 이르렀다. 사람들을 일일이 찾아다니며 미생물 전도사 노릇을 하는 것도 재미있고 신이 나지만 책을 내면 그 확산 속도와 범위가 더 빠르고 넓어질 것 아닌가.

앞서도 말했듯이 나는 미생물 전문가가 아니다. 그러므로 이 책에서 내가 주장하고 있는 이야기들 가운데는 과학적으로 전혀 근거가 없거나 검증되지 않은 무식한 이야기들도 빈번히 등장한다. 미생물에 대한 나의 열렬한 사랑과 관심과 샘솟는 상상력에서 쏟아져 나온 엉뚱한 발상들이다. 그러나 이 책을 읽은 누군가가 나의 이 엉뚱한 발상을 기발한 착상으로 삼아 세계적으로 엄청난 업적을 이루어낼지 누가 알겠는가.

나는 어려서부터 내 이름 탓에, "이상희는 이상하고 희한한 사람이다" 라는 말을 자주 들었다. 상상을 좋아하는 나의 이야기들이 어쩌면 이상하고 희한한 이야기로 들릴지도 모르겠다. 그러나 나의 이 이상하고 희한한 이야기가 우리 미래 사회의 이상과 희망을 실현하는 데 일조한다면 더 바랄 나위가 없겠다. (*)

이상희

자연계의 주치의

미생물을 제대로 아시나요!

기적의 진실, **하나!**

▶ 일본의 암치료 이야기

가을이 되면 나무는 낙엽을 떤다.
그 낙엽이 발효되어 퇴비가 되듯
건강한 인분을 발효시켜 약으로 만들 수는 없을까?
장수국가 일본의 다카시마 박사를 통해 그 가능성을 엿봤다.

기적의 진실, **둘!**

▶ **KBS 생로병사 이야기**

노령의 암 환자 가운데

유명 종합병원에서 치료받은 환자의 대부분은 2년 이내에 사망했으나

깊은 산 속에서 자연 치료를 받은 경우에는 80%가 회복됐다.

해답은 미생물에 있다.

기적의 진실, **셋!**

▶ 46억 년 전 지구청소&히로시마 나가사키 이야기

지구의 역사 속에서
미생물이 살아온 세월은 46억 년이 넘는다.
이들은 높은 온도와 압력, 유독 가스로 꽉 차 있던
초기 지구의 환경에 적응하는 과정에서 산소를 만들었다.

한편 1945년 일본 히로시마와 나가사키에 원폭을 투하한 미국은
향후 100년 동안은 버려진 도시가 될 것이라 전망했지만
실제로는 1년 이내에 방사능이 사라지고
생물이 살 수 있는 환경으로 회복됐다.
여기에도 미생물이 관여했다는 놀라운 진실이 숨어 있다.

CONTENTS

태초에 미생물이 있었느니라

지구 생명체의 엄마, 미생물

어머니. 좀더 정겹게 부르자니 엄마. 엄마는 어떤 존재인가.

어린 생명을 잉태하고 출산을 하여 어른으로 키워내는 존재이다. 엄마는 생명을 잉태하는 순간부터 기쁨과 신비로 가득 찬다. 자신의 모든 것을 희생하더라도 아이를 건강하게 낳아 키우고자 하는 모성 본능은 초능력마저 발휘할 정도로 강렬하고 절대적이다. 엄마라는 존재의 위대함은 인간에게만 해당하는 것이 아니다. 동물과 식물을 포함한 모든 생명체에게는 기적과도 같은 탄생의 비밀을 간직한 엄마가 있게 마련이다. 나는 이 시점에서 이런 엉뚱한 생각을 해본다. 지구에게도 엄마가 있을까? 있다면 지구의 엄마는 누구일까?

상상해보자. 지금으로부터 46억 년 전, 갓 태어난 원시 지구는 어떠했을까?

적어도 지금처럼 생명력 가득한 녹색 지구의 모습은 아니었을 것이다. 처음 지구가 생겨났을 때 대기는 무척이나 뜨거웠고, 공기 중에는 산소도 거의 존재하지 않았다. 산소가 없으면 오존층도 형성되지 않으니 강력한 자외선은 태양으로부터 직접 쏟아져 내리고 생명체가 살아남기에는 치명적인 환경이었을 것이다. 당연히 대기의 온도는 높을 수밖에 없고, 모든 물은 결국 수증기로 떠다니고 있었을 것이다. 생명체가 성장하고 유지하기 위해 필요한 적당한 햇빛과 바람과 물을 기대할 수 없는 환경이다. 원시지구는 방사능으로 가득 찬 유독

가스와 독극물 덩어리였다. 뜨거운 마그마의 바다는 끊임없이 방사선을 뿜어냈고, 우주로부터도 무수히 많은 방사능이 쏟아졌다. 한 마디로 황무지라 할 수 있다. 이 불모의 행성이 어떻게 생명력을 갖게 되었을까? 시간이 지나고 지구는 천천히 온도가 떨어져 식으면서 액체 형태인 물도 생겨나게 되었다. 과학자들은 38억 년 전에 형성된 것으로 추정되는 퇴적암을 통해 물이 생겨났을 것이라고 추측하고 있다. 최초 생명체의 증거를 박테리아 모양의 화석에서 찾아볼 수 있었기 때문이다. 생명 유지의 가장 큰 전제 조건인 물이 생겨나면서 최초의 생명체도 탄생했다고 생각해볼 수 있다. 물과 함께 어느날 갑자기 생겨난 최초의 생명체라니! 그렇다면 지구 최초의 생명체는 과연 무엇이었을까? 해답은 바로 미생물이다.

각종 미생물의 등장으로 지구의 환경은 급속도로 변화를 겪게 된다. 미생물들은 열악한 원시지구의 공기 중에 산소와 수소를 만들어내는 위대한 업적을 이루었다. 미생물들이 늘어나고, 다양한 미생물들은 유독한 방사능을 음식처럼 섭취하였다가 유기물질을 똥오줌으로 배설했다. 이 유기물질은 생명체가 탄생하고 성장하는 영양분이 되었는데, 놀랍게도 이 과정에서 드디어 산소가 발생하게 된 것이다. 미생물들은 끊임없이 다양하고 능력 있는 활동을 펼쳐나갔고 지구의 산소 농도는 점점 증가해서 지금처럼 약 20%에 이르게 되었다. 산소가 많이 생겨났으므로 지구에 동물과 식물들도 잇따라 탄생하여 성장할 수 있게 되었다. 지구에 산소를 만들어내 다양한 생명체를 존재하게 한 뒷배경의 핵심에는 바로 미생물이 존재하고 있었다. 이러한 미생물의 부지런한 활동 덕분에 지구는 깨끗하게 정화 되었으며 오늘날 생명이 넘치는 녹색 환경이 형성된 것이다. 결국 미생물은 살아있는 지구를 출생한 산모, 즉 지구 생명체의 엄마인 셈이다.

생명체의 탄생이라는 거창한 일을 해냈고, 지금도 여전히 그 능력을 발휘하고 있는 미생물은 눈에 보이지도 않는 존재이다. 아이러니하게도 그 위대성에 견주어 볼 때 존재감이 거의 없을 정도로 육안으로는 확인이 불가능한 작은 생물인 것이다. 무수한 업적을 이뤄내 이름을 떨친 사람들의 뒤에는 반드시 그 자식을 낳아 훌륭하게 키워낸 어머니가 존재하지만 자식들의 빛에 가려져 있는 것처럼, 미생물 역시 아무도 관심을 갖지 않을 뿐만 아니라 그 존재조차 눈에 드러나 보이지 않는다. 과연 이런 차원으로 생각해봐도 미생물은 생명체의 어머니라 할 수 있겠다. 인간의 눈에 보이는 것만을 인정하는 태도가 얼마나 무의미하고 어리석은 것인가 다시 한번 생각하게 된다. 인간이 미생물을 생명체로 인식하든 못 하든 미생물은 수십억 년 전부터 지구 가족의 엄마로 살아오고 있었다는 사실이 놀랍고 신기하기만 하다.

미생물은 도대체 무엇인가

대장균, 유산균, 이질균, 세균, 곰팡이, 박테리아, 효모, 아메바, 짚신벌레, 바이러스……

우리가 흔히 미생물이라고 알고 있는 친숙한 이름들이다. 이렇게 나열하다 보니 마치 학교 강의실에 들어가서 출석부를 보며 호명하는 기분이다. 강의실에 앉은 학생들은 이름을 부르면 반갑거나 쑥스럽거나 대답을 하며 손을 들어 올릴 것이다. 어떤 학생은 늦잠을 자다 와서 부스스한 머리와 퀭한 눈으로 앉아 있을 것이고, 어떤 학생은 눈을 반짝반짝 빛내며 오늘은 또 무슨 공부를 할 것인지 호기심을 잔뜩 품고 있기도 할 것이다. 수업이고 뭐고 다른 일에 잔뜩 관심이 쏠려 몸만 겨우 앉아 있는 학생도 있다. 어쨌든 학생들이 강의실에 어떤 모습으로 앉아 있는지 앞에서는 훤히 다 보인다. 그러나 미생물 출석부를 펼쳐들고는 아무리 불러봤자 누구 하나 대답 없고 눈 씻고 찾아봐야 털끝 하나 보이지 않는다.

앞에 나열한 미생물들을 단 한 번이라도 육안으로 직접 확인한 경험이 있는가? 나는 본 적이 없다. 우리는 눈에 보이지 않는 이 생명체들을 미생물이라고 알고는 있으나, 도대체 미생물이 무엇인지 그 정확한 정의는 잘 모르고 있다. 게다가 지구에 존재하는 각종 생명체를 탄생시킨 엄마와도 같은 존재라고 할 정도의 위대함을 가진 이 미생물은 과연 무엇일까?

미생물의 정의를 학문적으로 간단히 요약하여 말한다면, "육안으로는 보이지 않고 현미경을 이용해야만 보이는, 대개 단세포나 다세포의 간단한 덩어리 형태로 된 생명체" 라고 풀이할 수 있다. 그러나 작다고 전부 미생물일 수는 없다. 이를테면 버섯은 현저하게 눈에 보이는 커다란 미생물 아닌가. 그러므로 이 정의가 완벽하게 옳다고 고집할 수는 없는 노릇이다.

사람들은 지구의 생명체를 탄생시켰을 뿐만 아니라 인간의 삶에도 중요한 영향을 끼치고 있는 이들 미생물의 존재를 평소에는 대체로 의식하지 못한다. 눈에 보이지 않으므로 어쩌면 당연한 일일 것이다. 특별한 경우가 아니라면 관심을 갖지도 않지만 심지어 부정적인 인식

을 갖고 있기도 하다. 만약에 누군가 "곰팡이 좋아하십니까?" 하고 질문을 해 온다면 어떤 반응을 보이겠는가. 또는 맛있어 보이는 음식을 주면서, "자, 이 박테리아 덩어리 좀 드셔보세요." 하고 권한다면 과연 맛있게 먹을 수 있겠는가. 미생물은 억울하다. 우리에게 곰팡이, 박테리아, 바이러스 등의 미생물들은 마치 독과도 같은 세균의 이미지만 잔뜩 새겨져 있다. 미생물이 향긋한 술을 빚고 구수한 된장을 만들어 준다는 사실보다는 사람이나 동물의 몸속에 침투하여 치명적인 병원균으로 퍼져 나간다는 공포감이 더 먼저 자리를 잡았기 때문이다. 질병을 일으키는 미생물들은 전체 미생물의 일부에 지나지 않는다는 사실이 간과되어 온 것이다. 미생물이 생활쓰레기를 분해하고 산소를 공급하며 더 나아가 이 지구의 생명체를 탄생시키고, 인간의 삶을 유지시키며, 미래 사회의 변화 발전에도 어마어마한 기여를 하고 있다는 사실을 알게 되면 그 소중함에 고개를 숙이게 될 것이다. 그것도 보이지 않는 곳에서 조용하고 겸손하게! 게다가 전문가들은 지구의 각종 생물 중에서 미생물이 차지하는 무게의 비율이 60%나 되는 것으로 추정하고 있다. 이 정도 무게라면 막강한 비중을 차지하고 있는 것이다. 국회에서도 과반수가 넘으면 집권당이 아닌가.

이 막강한 존재, 그러나 눈에는 보이지 않는 미생물을 그러면 어떻게 볼 수 있을까?

육안으로는 절대 볼 수 없는 존재이므로 보통 미생물은 현미경을 통해 확인해야만 한다. 물론 곰팡이가 피어 있는 장면을 목격한다면 미생물을 보는 셈이지만, 그것은 미생물의 존재를 알려주는 흔적을 보는 것이지 미생물 개체 하나하나를 볼 수 있는 것은 아니다.

동물과 식물은 수만에서 수조 개의 세포가 하나의 생명체를 이루고 있지만, 미생물은 대개 하나의 세포가 개체를 형성한다. 그래서 일반적으로 미생물을 육안으로 확인하는 것이 불가능하므로 현미경이 필요하다. 약 1천 배까지 확대할 수 있는 광학현미경의 경우에는 바이러스를 제외한 대략적인 미생물을 관찰할 수 있다. 바이러스는 배율이 수만 배에 이르는 전자현미경으로만 관찰할 수 있다.

물론 현미경을 통해 미생물을 들여다보는 일은 미생물 관련 전문가들에게나 해당한다. 설령 우리가 광학현미경이니 전자현미경이니 하는 각종 첨단 장비들을 동원하여 미생물을 관찰해본다고 해도 미생물이 무엇인지 알 수는 없다. 그저 '아, 미생물이란 게 이렇게 생긴 것이로구나!' 하며 신기해하고 말 뿐이다. 전문가나 관련자가 아닌 이상 미생물의 존재를 의식하고 있는 것만으로도 충분하다. 다만 미생물에 대해 조금 더 깊이 이해하고 친숙해진다면 우리가 상상의 나래를 펼칠 수 있는 범주가 훨씬 넓어질 것이라는 생각을 해 본다. 미생물의 세계는 워낙 다양하고 변화무쌍하여 우리의 상상력과 호기심이 날개를 펴고 맘껏 뛰어놀 수 있기 때문이다.

미생물 삼총사 : 곰팡이, 박테리아, 바이러스

눈에 보이지 않으면서 지구를 움직이는 절대 권력자인 미생물의 종류는 수 천 가지에 이른다. 그 가운데 우리가 가장 흔히 알고 있는 미생물을 꼽으라면 곰팡이, 박테리아, 바이러스 정도가 아닐까 싶다.

곰팡이는 우리와 친숙한 가장 대표적인 미생물의 한 종류이다. 음식물을 조금만 방치하면 곰팡이는 쉽게 눈에 띈다. 먹다 남은 찬밥이나 유통기한이 한참 지난 식빵에 털이 부숭부숭해 보이는 초록곰팡이가 저절로 피어난 모습이나, 메주 속에 허옇게 곰팡이가 피어 있는 모습은 일상생활 속에서 늘 보게 된다. 곰팡이를 자세히 들여다보면 거미줄처럼 생긴 가느다란 실들이 이리저리 뻗어 나오면서 마치 솜덩이처럼 엉겨 있는 모습을 볼 수 있다. 이것을 팡이실이라고 한다. 팡이실이 보이는 것은 곰팡이가 살기 좋은 환경을 만나 열심히 왕성하게 활동하고 있다는 증거이다. 곰팡이는 스스로 충분히 자랐다고 생각하면 흔히 '홀씨' 라고 부르는 포자를 생성할 준비를 하여 포자주머니를 만들어 낸다. 대표적인 예로, 버섯은 흙속에 살고 있는 여러 종류의 곰팡이들이 홀씨를 널리 퍼트리고자 만들어낸 포자주머니이다. 곰팡이는 움직이지도 못 하는 식물에 가까워 보이지만 포자와 포자주머니를 만들어 널리 퍼트리는 습성을 보자면 식물 보다 수준 높은 고등 생물이라고 할 수 있다.

박테리아는 우리가 보통 세균이라 부르는 미생물이다. 대부분의 박테리아는 수천 분의 1mm 크기 정도에 해당한다. 박테리아는 스스로 판단해서 충분히 자란 어른이 되었다고 생각될 때, 비로소 몸을 두 개로 나누며 개체수를 불려 증식한다. 두 개로 나누어진 박테리아가 제각각 부지런히 먹이를 먹고 자라서 어느 정도 몸집이 커지면 몸을 또 다시 두 개로 나누는 과정을 되풀이한다. 이렇게 박테리아가 자기 몸을 스스로 두 개로 나누는 독특한 증식방법을 '이분법'이라고 한다. 어미도 새끼도 따로 없이 연쇄적으로 개체수가 늘어나는 특이한 증식법이다. 박테리아가 생활하기에 좋은 환경을 만나면 이분법을 통해 어마어마한 속도로 집단적 번식이 가능해진다. 어떤 생물이든 번식은 성 생활을 통해서 하기 마련인데, 박테리아의 성 생활을 보면 매우 특이한 점을 발견할 수 있다. 일반적으로 포유동물의 세포가 사는 동안에 약 5%의 유전자만을 사용하는데 비해 박테리아는 거의 대부분의 유전자를 사용한다. 박테리아는 자주 그리고 빠르게 번식하기 때문에, 너무 많은 유전자를 가지고 있으면 번식할 때 마다 유전자를 복제하는데 많은 에너지를 낭비하게 된다. 적은 유전자로 빠르게 번식해야 경쟁에 뒤쳐지지 않을 수 있다. 또한 번식 없이 별도로 유전자 주입 교접을 통하여 새로운 유전자를 받아들이기도 한다. 사람으로 치자면 쌍꺼풀 없는 사람이 쌍꺼풀을 가진 사람과 성 관계를 맺으며 쌍꺼풀 유전자를 주입 받으면 쌍꺼풀이 생겨날 수도 있다는 이야기가 된다. 박테리아의 이러한 유전자 주입 교접 특성도 전문가들의 연구를 통해 활용할만한 분야가 있을 것이라 생각한다.

바이러스도 살아 있는 숙주세포 안에서 많은 숫자의 바이러스 입자를 만들어 증식한다. 바이러스를 구성하는 여러 개의 조각들이 서로 합쳐져 여러 개 또는 수십 개의 바이러스 입자를 한꺼번에 만들어내는 아주 독특한 방법을 이용한다. 생물이나 미생물이나 자손을 번식하며 개체수를 늘

려 가고자하는 삶의 속성은 다 똑같다. 바이러스는 원래 생명체로 인정하여 포함시킬 것인가 말 것인가를 가지고 많은 논란이 있었다. 왜냐하면 바이러스끼리는 직접 번식하지 못하기 때문에 생명체로서의 자격 조건을 갖추지 못한 셈이다. 그러나 바이러스는 다른 생명체에 침투하면서는 번식이 가능해지고 생명 현상을 유지하게 되기 때문에 현재는 미생물에 속하는 생명체로 인정하고 있다. 바이러스는 미생물 중에서도 보통 미생물의 100분의 1 정도로 특히 더 작은 미생물이다.

미생물들은 지구 어디에서나 인간의 생활과 밀접한 관계를 맺으며 아주 가까이에서 부지런히 살아 움직이고 있다. 따라서 수없이 많은 미생물들의 비밀을 파헤치고 그 특성을 잘 이용하면 인간의 삶에 매우 유용하게 활용할 수 있다. 특히 미생물은 동식물의 생활에 직간접적인 연관관계를 가지므로 질병 예방이나 생산성 증가에도 절대적인 영향을 미친다. 현재의 과학 기술로 확인할 수 있는 미생물은 현존하는 미생물의 1% 미만이라고 한다. 나머지 99%는 아직 알려지지도 않았고 어떤 활약을 하는지 알 수도 없는 상태이다. 그러나 이미 1%의 미생물의 활약만으로도 인간의 모든 생활 일반에 걸친 분야에 놀라운 영향력을 행사하고 있다. 그러므로 미생물 분야는 무한한 가능성을 가진 신개척지라고 할 수 있다. 이미 일본이나 미국, 유럽 등에서는 미생물을 활용한 다양한 산업을 개척하고 있다. 미생물의 특이한 속성을 이용하여 식품, 의약품, 공업생산품 등을 다양하게 만들어낼 수 있으며, 간편한 시설로 특정 미생물을 계속 배양시키기도 한다. 농업사회를 거쳐 산업이 발전하고 정보가 국력이 된 시대를 지나 지금 우리는 바이오 혁명을 앞두고 있다. 그 중에서도 미생물은 바이오 혁명의 최전선에서 인간과 지구 환경에 유용한 생물자원으로 각광받고 있다. 오늘날 미생물의 활약은 40억 년에 걸친 기술 혁신이며 우리는 다만 그 기술을 발견해내는 혜안이 필요할 뿐이다.

우군 미생물 vs 적군 미생물

인간 세상에는 수많은 종류의 사람들이 함께 살아간다. 때로는 속세를 떠나 홀로 조용히 침잠하고 싶을 정도로 시끄러운 곳이 인간 세상이기도 하다. 그런가하면 정반대로 소속에 대한 자연스럽고 강렬한 욕구를 갖고 있는 것 또한 인간이기에 어디에서든 소속감을 얻고자 애를 쓰기도 한다. 가족, 학교, 직장, 동창회, 각종 동호회 등 어딘가 속해 있지 않으면 누구나 외로움과 불안감을 느끼게 마련이다.

수많은 사람이 함께 모이다보면 나와 죽이 잘 맞고 배려도 잘 해주며 서로 소통이 원활히 되는 사람이 있다. 그러나 도무지 믿을 수가 없고 거부감이 생기거나 경계하게 되는 이도 있다. 그러나 내가 느끼는 사람에 대한 믿음이나 인상이 전부라고 할 수도 없다. 친구라고 믿었던 사람이 어느 날 갑자기 돌변하여 뒤통수를 거세게 후려치며 배신을 하기도 하고, 별로 가깝게 느끼지 못했던 사람에게 따뜻한 위로를 얻거나 결정적 도움을 받는 경우도 있다. 사실 따지고 보면 사람과 사람 사이에 우군이나 적군이 따로 있을 수 없는 노릇이다. 그저 함께 살아갈 뿐이다. 공생이다. 인간과 인간, 인간과 자연만물, 자연과 자연은 모두 공생을 하고 있다고 봐야 한다.

그렇다면 미생물은 어떨까. 미생물에 대해서 조금 알게 되면 좋은 미생물과 나쁜 미생물을 구분하고 싶어진다. 왜냐하면 앞서 말한 박테리아나 바이러스의 일부는 인간에게 질병을 일으키고 엄청난 해를 끼친다는 것을 우리는 이미 알고 있기 때문이다. 그러나 내가 이야기하고 싶은 것은 미생물이 우리에게 끼치는 폐해가 아니라 어마어마한 혜택이므로, 분명히 우군 미생물과 적군 미생물이 존재한다는 결론이 나온다.

우리는 모두 공생 관계에 있다. 인간과 미생물도 공생하고 있으며, 미생물들끼리도 공생을 하고 있다. 공생은 무엇이냐. 서로 같은 곳에서 생활하는 것이다. 서로 같이 살아가는 것이다. 또 다른 종류의 생물이 서로 이익을 주고받으며 한곳에서 사는 일도 공생이다. 여러 가지 의미를 한 마디로 정리하면 결국 공생은 '더불어 같이 살다'의 뜻을 가진다. 보통 공생이라고 하면 서로 이익을 주고받으며 함께 살아가는 것으로 생각하지만, 다른 한쪽은 이익을 못 얻고 한쪽만 이익을 얻는 경우도 공생이라 할 수 있다. 한쪽이 피해를 당하는 경우라면 어떨까. 이런 경우에는 기생이라 할 수 있겠지만 어쨌든 함께 살아가기에 공생이라고 봐도 좋다. 미생물 가운데 버섯이라는 곰팡이는 대표적인 기생생물이다. 얼핏 보면 식물처럼 보이기는 하지만 버섯은 스스로 양분을 만들 수 없다. 그러므로 햇빛이 잘 들지 않는 음습한 곳에서 기생하며 다른 식물체를 분해하여 양분을 얻어 살아간다.

다른 한쪽에게 자리를 내주지 않으면서 함께 지내는 길항도 공생이다. 우리 몸 안의 대장에 살고 있는 대장균과 유산균은 그 숫자가 엄청나게 많지만 우리 몸에 해를 끼치지 않는다. 오히려 자리를 선점한 이들은 혹시라도 병원균 같은 해로운 미생물이 끼어들려 해도 자리를 내어주지 않는다.

길항농법이라는 것도 이런 원리를 활용한 것이다. 농작물을 재배할 때 농약을 사용하지 않고도 병원균을 물리치는 방법인데, 말하자면 농작물에 해롭지 않은 미생물들이 먼저 자리를 잡게 해주는 것이다. 길항균 이용법이다. 미생물의 공생 관계를 농사에 이용하는 것이다. 최근에는 화학 농약과 비료가 몸에 해롭다는 각성이 더욱 강렬해졌기 때문에 그 사용을 줄이고 친환경 농약과 퇴비를 사용하거나 아예 무농약 농사를 많이 시행하고 있다. 그 선두주자로도 역시 미생물들이 활약하고 있다는 사실이 놀랍고 고마운 일이다. 가장 바람직한 공생 관계는 두 가지 이상의 요소가 서로 효과를 더해주는 상승이라고 할 수 있겠지만, 미생물들의 공생 관계의 회로를 잘 들여다보고 이해하면 여러 가지로 활용이 가능해진다.

우리에게 우군이 되어주는 좋은 미생물과 적군 노릇을 하는 나쁜 미생물을 얼마든지 구분할 수는 있다. 쉽게 말해 우리가 흔히 먹는 버섯이나 채소 등에는 우군 미생물이 잔뜩 포진해있다고 보면 된다. 어려울 게 없다.

하지만 미생물들은 사실 서로 여러 가지 형태의 공생 관계를 유지하고 있기 때문에 좋다 나쁘다를 함부로 판단할 수 없다. 미생물학자들은 이제까지 알려진 지식을 바탕으로 수많은 미생물들 가운데 병을 일으키는 병원 미생물은 전체의 1%도 안 된다고 말하고 있다. 수많은 미생물들 가운데 병원균을 가진 미생물들은 실제로 그리 많지 않다는 뜻이다. 그러나 사람들은 질병의 무서움과 고통의 원인이 거의 병원

균일 것이라고 잘못 생각하고 있다.

병원균이나 부패균 같은 해로운 미생물이든, 발효균처럼 우리에게 도움을 주는 이로운 미생물이든 모두 미생물 집안의 가족들이다. 우리에게 도움을 주는 발효 과정도 미생물의 입장에서 본다면 그저 부패에 지나지 않는 것일 수 있고, 부패를 일으키는 부패균의 활동이 해로운 것이라고 생각하지만 쓰레기를 분해하고 재활용하는 측면으로 생각해보자면 부패균이 결코 나쁘다고 볼 수도 없다. 모든 생명에는 다 존재의 이유가 있기 마련이다. 미생물 각각의 특성을 알고 있다면 해로운 적균 미생물도 우균으로 둔갑시킬 수 있다. 우균도 적균도 함께 어우러져 각각의 역할을 수행하며 살아가는 것이야말로 진정한 공생일 것이다. 인간도 미생물도 혼자보다는 둘이 낫고, 둘 보다는 열이 낫다.

지구 구석구석의 청소, 미생물한테 맡겨!

인간이 살아가는 환경에는 늘 먼지가 쌓이고 때가 끼게 마련이다. 우리는 매일 매일 빗자루로 쓸어내고, 진공청소기로 먼지를 빨아들이고, 걸레를 깨끗이 빨아 구석구석을 닦아낸다. 적어도 우리가 살고 있는 집이나 사무실, 마을 정도는 그렇게 청소를 할 수 있다. 그렇다면 지구의 구석구석은 누가 어떻게 청소해야 할까. 지구 구석구석의 청소는 지구 구석구석에 존재하는 미생물들이 도맡아 하고 있다. 미생물은 어떤 특정한 곳에만 존재하는 것은 아니다. 미생물은 지구 어디에서나 살아가고 있다. 설마 눈으로 확인할 수 있는 버섯이나 곰팡이가 피어 있는 곳에만 미생물이 있다고 믿는 독자는 더 이상 없을 것이다. 미생물은 어디에나 있다. 흙이나 강, 바다에 미생물들이 우글우글한 것은 말할 것도 없고, 사람과 동식물의 내부와 외부에도 각종 다양한 미생물들이 살아가고 있다. 그저 기생하면서 존재하는 것이 아니다. 활발하게 미생물만의 몫을 다하여 있는 힘껏 생명 활동을 벌이고 있다.

이를테면, 흙속에서 살아가는 토양미생물들은 생물에게 해로운 독성물질을 분해한다. 이러한 미생물들이 많이 점령하고 있는 흙은 깨끗하고 안전해진다. 나쁜 물질들을 다 잡아먹어 버리기 때문이다. 그걸로 끝나는 게 아니라 미생물은 다시 배설물을 내놓는다. 독성물질을 영양분으로 재생산하여 공급하는 활동까지 하는 것이다. 동식물의 시체와 똥오줌이 해로운 벌레들을 죽이고 질 좋은 자연친화적인 비료로 거듭나는 것은 그 좋은 예이다. 우리는 흔히 부패되어 냄새 나고 썩어가는 곳에 미생물이 번식하는 것으로 알고 있지만, 미생물이 자연을 정화시키는 작업을 하기 위해 물질을 썩게 만드는 것이다. 결국 썩는다는 것은 오염물질이 없어진다는 의미이다. 각종 오염물질이 썩지 않고 그대로 있다면 자연은 그저 오염물 덩어리가 될 뿐 절대로 깨끗이 정화되며 순환할 수 없다.

하수 처리장에서도 미생물들이 활약하고 있다. 흙을 깨끗하게 정화시키는 미생물들의 활동과 마찬가지로 물 속의 미생물들 역시 강

이나 바다의 여러 가지 오염 물질들을 분해한다. 1930년대 말에 영국 그레이트 우즈의 어느 사탕무 공장이 어업위원회에게 고발당하는 사건이 있었다. 이 공장이 두 해 동안 계속해서 우즈 강을 오염시켜왔기 때문이다. 사탕무 공장은 더 이상 오염을 저지를 수 없었고 그동안 강을 더럽혀온 배상 책임을 지게 되었다. 당연한 결과이다. 중요한 것은 재판 결과가 아니라 이 사건으로 인해 강을 청소하는 미생물의 존재를 알게 된 사실이다.

우즈 강의 악취와 오염을 조사하는 과정에서 한 과학자가 우즈 강의 악취 나는 침전물을 청소하는 미생물들을 발견한 것이다. 바로 수소화 효소를 만드는 미생물이었다. 이 미생물들은 강, 호수, 바다 등에 퍼져 있는 다양한 오염 물질들을 분해하는 활동을 한다. 수소를 활성화하는 효소를 어느 정도 포함하고 있기 때문에 청소부 역할을 톡톡히 할 수 있다. 이 미생물들은 강과 호수 속의 죽은 동식물로부터 나오는 유기 물질들을 분해하여 지구를 청소한다. 수소화 효소를 사용하여 살아가는 미생물들은 다른 미생물들과 힘을 합쳐 하수를 분해할 수 있고 수질을 개선시킬 수도 있다.

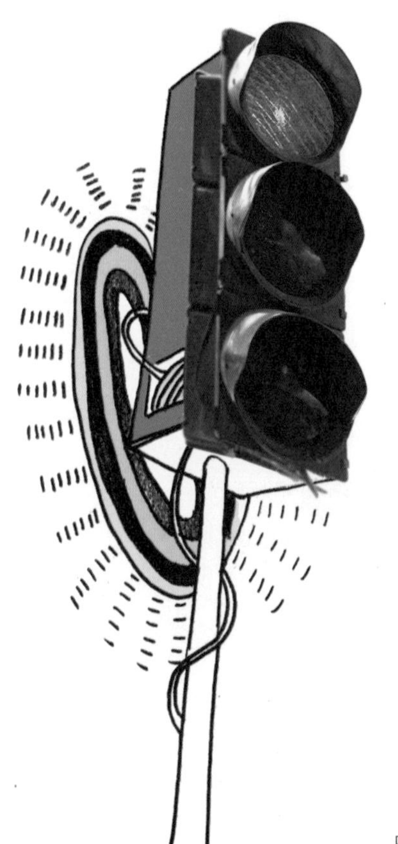

하수 처리장으로 흘러온 물은 한 방울도 사용할 수 없다. 빗물, 기름, 비눗물, 음식물, 배설물 등이 악취가 풍기는 불쾌한 상태로 마구 혼합되어 있는 것이 하수이다. 최근에는 과학적 설비 시스템으로 하수 처리를 하는데 미생물 청소부들을 활용한다. 미생물들은 하수 처리장의 다양한 시설에 배치된다. 오물이 강으로 흘러들어갈 수 있을 정도로 깨끗하게 바꿔주거나, 음용수로 사용될 수 있도록 염소 소독을 받게 한다. 많은 세균, 원생동물, 곰팡이 등이 이러한 공정에 가담한다. 우리 눈에 보이는 각종 첨단 기계들의 모습 뒤에는 보이지 않는 미생물 청소부들의 활약이 분주하기만 하다. 커다란 탱크나 물이 천천히 회전하며 한 방울씩 떨어지는 필터는 눈에 잘 띄지만, 하수의 오물을 분해하고 안전하게 바꾸는 미생물들의 엄청난 화학적 청소 작업은 겉으로 전혀 드러나지 않는다. 청소부 미생물들은 종류가 다양하기 때문에 각자 역할이 다 다르게 분담된다. 미생물들 끼리 알아서 너는 분해 작업, 나는 발효 작업, 또 다른 친구는 수소나 메탄 만들기 등을 담당하며 서로 협력하는 것으로 약속된 질서가 있는 것이다. 이 역시 공생의 힘이라 할 만하다.

바다의 청소도 마찬가지다. 바다에도 수많은 미생물들이 살아가고 있다는 사실이 이제는 당연하게 들릴 것이다. 바다에는 미생물들이 특히 더 많이 살고 있을 것이라고 짐작할 수 있다. 왜냐하면 바다가 지구 표면적의 3분의 2를 차지하기 때문이다. 바다의 미생물들은 물속을 유영하며 물고기들과 평화롭게 노닐 것 같지만 그 어떤 미생물들보다 바쁜 일상을 보내고 있다. 그들은 바다속에서 지구상의 산소와 이산화탄소를 조절하고 수소를 생산한다.

공기 중의 이산화탄소가 아주 오랜 세월을 거치며 기체에서 고체로 변한 상태가 바로 우리가 익히 알고 있는 산호초이다. 산호초가 아주 많이 퇴적되어 오늘날 우리가 사용하는 석회로 변하지 않았다면, 지금처럼 공기 중 이산화탄소의 함량이 적당한 지구가 될 수 없었을 것이다. 바다에서 종종 일어나는 기름 유출 사고에도 불구하고 바다는 어느새 심각한 오염 상태에서 벗어나 기름이 사라지고 몇 달 후면 깨끗해지는 것도 미생물의 활동에 의해서이다. 첨단 장비를 동원한 구조 활동과 환경을 지키려는 봉사단의 정성도 크게 한 몫을 하지만, 결정적으로 보이지 않는 곳에 숨어 끝까지 청소하는 자원봉사자가 바로 미생물이다. 청소라는 차원에서는 조금 벗어난 이야기지만, 바다에 사는 미생물이 수소를 생산한다는 사실을 이용해 최근에는 무공해 청정 수소 에너지를 생산하려는 연구도 활발하다고 한다. 미생물 수소 에너지를 이용하면 흙이나 물속에 공기를 불어넣고 영양을 공급하여 이미 존재하는 미생물들의 성장과 활성을 자극할 수 있기 때문이다. 이런 방법으로 흙이나 물의 환경을 친환경적으로 더욱 개선시키고 온갖 건강한 미생물이 활발하게 살아 움직일 수 있게 만들 수 있을 것이다.

우리가 지구 환경 관리를 잘못한다면, 언젠가 지구는 수 억 년 전의 원시지구 상태로 되돌아갈지도 모른다. 미생물이 애써 고체화시킨 이산화탄소가 다시 기체가 되어 버릴 수도 있는 것이다. 최악의 경우라면 말이다. 그렇다고 가정하면 현재 살아가고 있는 모든 생물은 완전히 멸종되어 버릴 것이다. 급속한 산업화의 영향으로 과도한 이산화탄소가 발생하고 있다는 것은 결코 단순한 현상이 아니다. 심각한 기후 변화나 생태계의 파괴 등 지구 환경을 위협하는 여러 가지 현상들의 경고 신호를 알아차려야 한다.

과학자들은 이러한 위기 신호에 대한 해결의 실마리를 미생물에서 찾고 있다. 원시지구를 탄생시키고 성장시켜온 지구의 주인이 바로 미생물이기 때문이다. 미생물은 지구 어디에나 존재하고 어떤 환경에서도 살아가고 있다. 끊임없이 배출되는 폐기물이나 오염 물질 등을 정화시키기 위한 지구의 청소부로 부단히 노력하고 있다.

태초에 미생물이 있었느니라!

우리는 미생물이 인간에게 주는 메시지를 민감하게 감지할 필요가 있다.

작고 신비로운 비밀의 세계

아직까지 미생물에 대한 우리의 생각은 대체로 부정적이다. '빵에 곰팡이가 피어서 못 먹게 된다'거나 '음식물이 대장균에 오염되어 식중독을 일으킨다'는 식의 피해의식이 훨씬 강하다. 그러나 인간의 삶에 유익하며 우리의 생활과 매우 친밀한 관계를 맺고 있는 존재로서 미생물을 보기 시작하면 거의 혁명에 가까운 변화가 시작될 것이라고 나는 믿는다. 눈에 보이지도 않는 작디작은 생명체인 미생물이 간직하고 있는 신비로움의 세계는 광활하기 짝이 없다. 이 작고 신비로운 비밀의 세계가 앞으로 우리의 삶을 혁명적으로 개척할 것이라는 게 내 생각이다. 우리는 미생물에 대한 편견을 과감히 버릴 필요가 있다. 뿐만 아니라 평소에 눈에 보이지 않기 때문에 존재감조차 없는 미생물을 우리 인식의 수면 위로 끌어내어야 한다. 미생물이 우리 삶에 가져다 줄 기적과 혁명은 상상을 초월하는 수준이다. 전문가도 아닌 내가 미생물이 어떤 존재인지 여기까지 애써 설명해온 것도 다 그런 이유에서이다. 다음 장부터는 미생물의 어마어마하게 막강한 파워에 대해 하나씩 풀어갈 생각이다. 작지만 강한 미생물의 파워!

도대체 미생물이 얼마나 작은가? 우리가 흔히 알고 있는 대장균의 크기는 가장 작은 개미의 1,000분의 1 정도라

고 알려져 있다. 개미 중에서도 가장 작은 개미를 한 마리 골라내 1,000분의 1로 쪼갠다고 생각하면 미생물이 얼마나 작은지 실감이 날 것이다. 아니다. 오히려 실감이 안 날 것이다. 작은 개미 한 마리를 1,000개로 쪼갠다는 상상에서 이미 한계가 오기 때문이다. 그저 막연히 아주 아주 작다고 생각할 뿐이다.

그러면 개체수는 어떨까. 크기가 작으니 개체수도 얼마 되지 않을까. 크기가 작은 대신 그 수는 헤아릴 수 없이 많을까. 어느 쪽일까. 서두에서 미생물의 무게가 지구 생물 전체 무게의 60%를 차지하고 있다고 했으니 이미 답을 말한 셈이다. 1그램 정도의 흙 속에 수십 억 마리의 미생물이 존재한다. 사람의 몸 속에는 사람의 세포 수보다 훨씬 많은 수의 미생물이 살고 있다고 하니 그 영향력은 또 얼마나 대단할 것인지 짐작해볼 수 있다. 인간을 지배하고 있는 주인은 미생물이라고 해도 전혀 이상한 이야기가 아니다. 아니, 인간의 몸뚱아리가 온통 미생물 덩어리라고 해도 그리 잘못된 표현이 아닐 것이다.

아주아주 작고, 아주아주 많으며, 게다가 아주아주 오래된 생명체가 바로 미생물이다. 앞에서도 말했듯이 일반적으로 지구의 역사는 약 46억 년 정도로 본다. 지구의 역사를 기준으로 볼 때, 미생물이 살아온 세월은 30억 년이 훨씬 넘는다. 미생물은 지구에 가장 먼저 태어난 생물체이다. 30억 년 전의 지구는 높은 온도와 압력, 유독한 황산화수소 등이 환경의

대부분을 차지하고 있었고, 산소는 거의 없는 상태였기 때문에 생물체가 절대로 살 수 없는 조건이었다. 놀랍게도 미생물은 이런 상황에 적응하여 살기 시작했고, 지금까지 생명을 이어오고 있는 것이다. 생명을 이어오고 있다는 것은 같은 유전체가 계속 유지되고 있다는 뜻이 아닌가.

오늘날 미생물의 유전체를 분석해본 과학자들에 의하면, 미생물의 특성이 아주 오랜 과거부터 지금까지 그대로 전해지는 것을 알 수 있다고 한다. 즉 미생물은 생명체가 살 수 있는 지금의 지구 환경을 만든 결정적인 장본인이자 가히 살아있는 지구 역사의 기록이다. 미생물 유전체에는 그들이 지구 환경을 정화해온 모든 기록이 고스란히 남아 있기 때문이다.

미생물은 지구 어디에나 존재한다는 사실을 나는 강조하고 또 강조한다. 심지어 생명체가 살아갈 수 없을 것이라고 알고 있는 수천 미터 깊이의 해저나 화산지대, 남극이나 북극, 황화수소가 많은 동굴 등의 극한지대에서도 발견되는 미생물 종이 있다. 개체수가 많은 만큼 그 종류가 수천 종에 이르는 미생물이니 어떤 종인들 없겠는가. 참으로 다양하기도 하다. 기나긴 역사와 어떤 혹독한 환경에서도 생존하는 능력 때문에 미생물은 지구상에서 가장 강인하고 가장 다양한 존재라고 할 수 있다. 이런 무궁무진한 에너지가 지구 어디에 또 있겠는가!

우리는 미생물을 최대한 활용할 필요가 있다. 현대 과학은 다양한 미생물에 대한 유전체 연구를 기술적으로 얼마든지 가능하게 만들었다. 실질적으로 우리에게 필요한 의약품, 섬유 제품, 식품, 최첨단 소재 등을 미생물로부터 얼마든지 개발해낼 수 있다. 수천 종의 미생물이 존재한다는 것은 수천 종의 유전체가 존재한다는 말로 바꿀 수 있다. 그렇다면 미생물의 각 종류마다 가지고 있는 기능이나 효과들이 그만큼 다양하다는 이야기가 된다. 발견해서 써먹는 자가 임자인 것이다. 그러므로 국가는 미생물 연구 개발을 위한 투자를 과감히 할 필요가 있다.

현재 공식적으로 보고된 미생물 유전체는 세계적으로 830개 정도라고 한다. 그러나 미생물의 산업적 가치가 워낙 높기 때문에 공식적으로 공개하는 것을 꺼리는 경향이 강하다. 이런 점을 감안한다면 실제로는 830개 보다 훨씬 많은 수의 미생물 유전체가 보고되었을 것이라는 추정이 가능해진다. 미생물 유전체를 찾아내고 해석하는 일은 보물지도를 얻어 보물을 효율적으로 찾아내는 것에 다름 아니다. 지도가 있으니 길 찾기는 시간 문제일 뿐이다. 과거에는 5,6년 걸리던 결과를 5,6개월에 완성할 수 있는 큰 장점이 있는 것이다.

현대과학은 유전체를 이용하여 모든 환경을 동시에 고려할 수 있다. 과거와 같은 시행착오적 접근이 아니라 예측되는 결과로 접근하는 방식을 택할 수 있다는 의미이다. 그리하여 소재, 식품, 발효, 정밀화학, 환경 같은 전통산업을 획기적으로 효율적이게 할 수 있을 뿐만 아니라 미생물 정보, 생물기계, 생물전자 같은 융합기술의 도입으로 새로운 산업을 창출하여 일자리를 제공해줄 수도 있다.

미생물의 유전체에는 3,000~7,000여 개의 유전자가 있는데 여기에 관련된 물질들이 연관관계를 갖는 경로는 그물 같은 구조를 가지고 있다. 따라서 미생물의 생명현상을 단순히 생물적인 차원에서 총체적으로 해석하기는 어려운 일이다. 현재는 전산학, 물리학, 화학 등의 전문과학자들이 공동으로 연구하여 미생물을 직접 키우지 않고, 유전체 정보를 컴퓨터에 입력하여 전산에 의해서 결과를 유추하는 사이버 셀, 디지털 셀로 연구가 진행되고 있다.

우리나라에서도 미생물에 대한 연구가 활발하게 진행되고 있다. 새로운 세균을 발견하여 보고하는 연구결과에서도 이미 2007년에 새로운 미생물 발견의 25퍼센트를 차지하여 연속 3년 세계 1위를 지키고 있다. 미생물 유전체 해석 또한 국내에서 30종 이상의 미생물 분석이 끝난 상태여서 미생물 유전체를 이용한 효율적인 산업적 응용의 성과가 속속 가시화되고 있다. 작은 미생물들이 살아가는 놀라운 삶의 지혜가 공상과학 소설이 아니라 실제 우리 생활에서 살아 움직이는 기술로 개발되고 있는 것이다.

미생물은 힘이 세다!

간나오토 총리에게 편지를 띄운 사연

일본 후쿠시마에서 원전사고가 났을 때 나는 간나오또 총리한테 편지를 보낸 일이 있다. 미생물에 대한 나의 관심과 확신 때문이었다. 내용인즉슨 '당신 나라에 다카시마 박사라는 사람이 있으니 그를 찾아 만나봐라' 하는 아주 단순한 제안이었다. 내가 왜 간나오또 총리한테 다카시마 박사와 만나라고 제안하는 편지를 쓴 것일까. 여기서 잠깐 다카시마 박사 이야기를 먼저 하고 넘어가야겠다.

우리나라는 대를 이어 일을 하는 것을 그다지 달가워하지 않는다. 가령, 아버지가 식당을 하면 아들은 절대 식당을 안 하려고 한다. 아버지도 아들이 식당을 이어받아 하기를 원하지 않고, 그 아들도 역시 마찬가지이다. 일본은 그렇지 않다. 동경대를 나오고 유학을 다녀와서도 전공과 상관없이 아버지가 하던 가업을 이어받는 경우가 흔하다. 다카시마 박사 집안은 6대째 양조장을 하고 있다. 다카시마 박사 이분이 마침 미생물 박사이다. 나는 다카시마 박사에 대한 믿음과 호기심이 생겼다. 6대째 양조장을 하고 있는 집안의 미생물 박사라면 "아, 저 사람은 미생물하고 속삭이겠다. 대화를 주고 받겠구나!" 하는 생각이 든 것이다. 그래서 그를 찾아갔다. 다카시마와의 친분은 지금까지 10년을 넘기며 긴밀한 관계를 맺고 있다. 지금은 그분의 개인 고문이다(물론 이건 어디까지나 다카시마의 주장이다!).

간나오또 총리한테 다카시마 박사를 소개하는 편지에 내가 궁극적으로 언급한 내용은 사실 방사능 문제에 대한 해결책이었다. 편지 내용에 대해 조금 더 구체적으로 언급하자면 다음과 같다.

"후쿠시마 원전 사고가 왜 났겠느냐. 일본이라는 나라는 이 지구상에서 원자탄을 맞은 유일한 나라다. 원전 공급률이 세계에서 제일 높은 나라에 속한다. 일본 원자력 발전은 세계 1위라 생각한다. 그렇다면 책임감을 가지고 시급하게 해결해야 할 것은 방사능 문제다. 우리 인류의 에너지를 안전적으로 공급할 수 있는 기술 에너지의 주류를 만들어야 한다는 것이 나의 주장이다. 이런 관점에서 방사능 문제를 처리하는 하나의 실험 실습장으로 후쿠시마 문제를 봐라. 해결은 바로 미생물에 달려 있다. 지구가 태어날 그 당시에는 방사능 독가스 덩어리였는데 미생물이 정상화시켰다. 그러니 그 미생물이라는 자연의 거대한 힘을 이용해서 방사능의 핵 문제를 해결해야 하지 않겠느냐. 당신 나라에 이런 사람이 있다. 바로 다카시마 박사이다."

나로서는 진정성과 간곡한 마음을 담은 호소에 가까운 편지였다. 간나오또 총리가 한창 바쁠 때라 편지를 미처 못 볼 가능성도 있다는 생각에 조바심이 났다. 어떻게든 일본 총리가 이 편지를 반드시 읽어야만 한다는 생각에 미대사관을 통해서도 보내고 변리사 친구를 통해서도 같은 편지를 보내두었다. 그것만으로도 안심이 안 되었던 나는 당시 간나오또를 못살게 하는 어느 야당 의원한테도 편지 사실을 알렸다. 편지를 읽었는지 여부를 알아보니 다른 경로로 보낸 것은 역시나 총리가 읽지 않았음이 드러났다. 결국 그 야당 의원이 편지를 봤냐고 간나오또에게 묻고 추궁한 결과 읽게 되었다. (휴! 이럴 때는 정치가 나쁜 것만은 아니라는 생각도 든다.)

농담이었지만, 다카시마 박사가 그 편지를 가보로 하겠다고 했다. 그리고 앞으로 미생물을 이용해서

방사능을 처리하는 문제는 한일공동 연구과제로 하겠다고 선언했다. 내가 변리사를 하는 동안 모금을 통해 생긴 3천만 원을 연구지원금으로 내놓기도 했다. 과총에서 회장단하고 증인도 만들었다.

편지 한 장 띄운 것을 계기로 미생물을 이용해 방사능 문제를 처리하기 위한 한일 관계가 시작된 것이다. 이제 간나오또 총리는 임기가 다해 물러났지만 다카시마 박사가 이 내용을 한일공동연구로 하겠다고 받아들였기 때문에 여전히 진행중에 있다.

아랍 쪽에도 돈이 없어서 우리가 못 했지만 안전 기술을 갖고 있으면 원자력 발전 수출이 가능하다. 몽고는 원자력 발전소를 시작했는데 전력이 없으니까 선진국에 원자력 폐기물질을 고비 사막에 실어주겠다며, 그 대신에 원자력 발전소를 위해 투자해달라고 요구했다. 우리가 아이디어 하나로 돈 한 푼 안 들이고 일본이 하고 있는 이 부분을 한일공동 연구과제로 할 수 있다. 아이디어 하나로 엄청난 국가 이익을 쟁취할 수 있다.

대만이 한때 우리한테 핵폐기물을 수출한다고 해서 반대하고 나섰던 적이 있다. 물론 대만에서는 사실 북한을 두고 한 얘기였다. 어쨌든 그 당시 대만 장관이 물리학 박사였는데 다카시마 박사를 대만에 초청하여 실험했다. 나도 함께 갔었다. 성과가 상당히 좋았지만 대만의 장관이 바뀌는 바람에 싱겁게 끝나버렸다.

그런데 다카시마 박사가 이 주장

을 해도 일본에선 알아주질 않는다. 그의 특성은 철학적이다. 보통 미생물은 단종을 배양하는데 이 사람은 복합미생물을 주장한다. 집을 하나 지으려면 여러 사람의 전문가가 있어야 하는 것처럼 복합미생물의 중요성을 강조하는 것이다. 권투는 한 사람이 하는 시합이지만, 축구, 농구, 야구는 팀이 구성되어야만 한다. 팀 스포츠나 오케스트라 심포니처럼 여러 종류의 미생물을 하나의 집단으로 구성하여 이용해야 한다는 게 그의 주장이다. 복합미생물군이 합쳐져야 한다는 것이다. 일반 미생물 학계에서는 그게 무슨 학문이냐고 몰아붙이기 일쑤이다. 다카시마 박사는 답답했다. 일본이 보수적이라 수용이 안 되니까 한국에서 우리끼리 하자고 제안할 정도였다. 원자력 문제는 인류가 해결해야 할 가장 중요한 문제다. 한국과 함께 프로젝트하면 나는 이걸 유엔 프로젝트로 넘겨주고 다카시마가 노벨상을 받게 해주겠다고 제안했다. 물론 반기문이 내 친구라서 하는 얘기는 아니었다. 예전에는 내가 다카시마를 찾아갔지만 요즘은 그가 미리 동경으로 마중을 나온다. 나는 그 정도로 그가 나에 대한 신뢰와 애정을 갖고 있다고 생각한다.

총리에게 보냈던 편지에는 이런 내용도 추가로 적었다.

"진주만 2차 대전 비사에 보면, 오키나와에 상륙했을 때 미군이 수만이 죽었다는 내용이 있다. 아주머니나 어린 아이들이 비전투요원이었는데 아주머니들이 식칼을 들고 나오는 바람에 죽기도 했다. 오키나와 상륙할 때는 가미카제로 인한 피해가 엄청났다. 이렇게 지독하게들 나오니 일본 본토에는 상륙을 못 한다. 전쟁을 빨리 끝내려면 대단히 안 됐지만 원자력 폭탄을 떨어트리는 것 말고는 다른 방법이 없겠다. 원폭 투하 후 미국 정부는 최소한 100년간 히로시마와 나가사키는 버려진 도시가 될 것이며 그 어떠한 생명체도 발견되지 않을 것이라 전망했다. 절대로 항복을 안 하던 일본은 원폭 투하로 인해 히로시마에서 10만 명, 나가사키에서 7만 6천 명이 죽고 나서야 결국 항복을 했다. 그러나 미국 사람들이 100년을 버린 도시라 했는데 반년 만에 작은 식물이 자라나기 시작했고, 1년 후 방사능 수치가 급감했다. 단순한 방사능 수치의 감소가 아니라 사람이 거주할 수 있는 멀쩡한 환경으로 바뀐 것이다. 미생물에 의해 방사능이 없어졌기 때문이다. 후쿠시마를 구할 수 있는 해답이 여기에 있다."

방사능이 왜 없어졌느냐? 다카시마 박사에 의하면, 토양 속 항방사능 미생물의 작용으로 방사성 물질이 점차 감소했기 때문이라 한다. 그러나 최초의 원폭 실험이 있었던 네바다 사막이나 최악의 원전사고가 발생한 체르노빌에서는 그러한 기적이 일어나지 않았다. 네바다나 체르노빌에는 물이 없기 때문이다. 당연히 기적의 미생물이 있을 수 없다. 일본에는 비교적 다양한 미생물이 많기 때문에 방사능 오염의 정화가 가능했던 것이다. 네바다주는 사막이라 미생물이 없는데 여기에는 미생물이 있어서 방사능을 먹어치웠다. 먹어 치웠다는 것은 똥오줌을 싼다는 것이며 이것이 바로 정화 작용이다.

이러한 미생물의 정화 능력을 극대화한 기술이 다카시마 박사에 의해 개발되었다. 다양한 미생물의 복합 작용을 활용한 이 기술의 효과는 2001년 대만 원자능위원회 핵능연구소와의 공동 실험을 통해서 입증된 바 있다. 한편 2008년에는 한국원자력연구소 연구원이 지하 깊숙한 곳에서 고준위 핵 폐기물의 방사능을 억제하는 미생물을 다량 발견했다. 이 미생물은 금속 환원반응을 통해 이온 상태의 크롬, 우라늄 등 고준위 핵물질을 고체로 침전시킴으로써 방사능 오염의 확산을 막을 수 있다고 한다. 미국 항공우주국(NASA)의 실험에 따르면 이런 미생물은 우주와 같은 강한 방사능 환경에서도 생존할 수 있다고 하니 비록 보이지 않는 작은 생물이지만 신비한 힘을 가지고 있는 것만은 분명하다.

핵폭발 지역도 살려내는 미생물

일본 후쿠시마 원전사고가 한참이나 지났지만 방사능 오염에 대한 공포는 여전하다. 방사능에 노출되면 세포가 손상되어 각종 심각한 질병에 걸리기 쉽기 때문이다. 원전 사고가 아니었어도 지구는 약간의 방사능에 노출되어 있다. 그러나 방사능이 다량 발포되는 사건을 겪고 나면 아주 끔찍한 사태가 벌어진다.

1945년 일본 히로시마와 나가사키 원폭 투하 후, 미국 정부는 이 두 도시가 적어도 100년간 버려진 도시가 될 것이며 생명체가 자라지 않을 것으로 확신할 정도였다. 1986년 우크라이나 체르노빌의 원자력 발전소 사고는 훨씬 더 끔찍하다. 원전 폭발 사고 직후 세슘 유출로 31명이 즉사하고, 사고 후 5년 간 7,000여 명이 사망했으며, 30여 년이 지난 지금까지도 약 70만 여 명이 암과 백혈병 등의 난치병과 각종 후유증으로 고통 받고 있다. 핵사고 발생 지역에서 1천 킬로미터까지의 지역은 농사를 지을 수 없고, 지금도 30킬로미터 이내까지는 사람의 접근을 막고 있다. 일본의 간나오또 총리가 "최악의 경우 동일본이 무너질 수 있다"고 한 것도 이러한 방사능 오염의 장기적 파장을 걱정한 것이다.

2차 대전 원폭 투하 당시 이런 일이 있었다. 1945년 8월 6일, 히로시마 원폭 투하 전날 밤이었다. 원폭이 투하될 줄은 꿈에도 몰랐던 히로시마 대학의 교직원 8명이 모여 일본 전통 발효주인 사케를 실컷 마시고 곤드레만드레 만취해 잠들어 있

었다. 그 사이 원폭이 투하되었고, 다음날 아침 원폭 투하 지점으로부터 반경 1km, 즉 제로존 안의 모든 사람이 사망하는 참사가 벌어진 것이다. 그런데 이 끔찍한 상황에서 사케를 마시고 잠들었던 그 8명 만큼은 심각한 방사능 노출에도 불구하고 모두가 살아남았다. 몽땅 죽었는데 사케를 마신 그 8명만 살아남았다는 것이 도대체 무엇을 의미하는 것일까?

미생물 덕분이다. 사케를 마신 8명 전원만이 살았기 때문에 이런 유추가 가능하다. 전통 발효주에 살아 있는 미생물이 몸속으로 들어가서 얼굴을 벌겋게 달아오르게 만들며 방화벽이라도 형성한 것일까. 미생물의 세포 외투에 방사선으로부터 보호를 하기 위한 특수 차단막이라도 덧씌워져 있는 것일까. 그러나 그런 차단막은 없는 것으로 이미 밝혀졌다.

미생물의 활약 덕분에 일본에서는 원폭 투하 후 반 년 만에 식물이 자라나고, 1년 후에는 방사능 수치가 급감하여 사람의 거주가 가능해졌다. 최근에는 체르노빌 사고지역에서도 왕성하게 번식하고 있는 미생물이 발견되었다는 소식도 들린다. 생명력이 가장 끈질기다고 알려진 바퀴벌레조차 생존할 수 없는 환경에서도 미생물은 거뜬히 살아서 번식을 하는 것이다. 정말 놀라운 생명력이다!

모든 미생물이 무조건 다 이렇게 강인한 생명력을 지닌 것은 아니지만, 그 중에 일부 미생물들은 보통 생물이 살아갈 수 없는 남극이나 북극의 극한

지대에서도 왕성하게 생활해나갈 수 있는 것으로 밝혀졌다. 이런 신비로운 미생물들을 충분히 활용할 수 있는 방편을 마련하기 위해 끊임없이 연구를 거듭해야만 한다.

물론 미생물과 방사능의 관계에 대해 부정적인 시각도 있다. 미생물을 활용한 방사능 저감 기술의 과학적 규명이 완전하지 않다는 이유에서이다. 과학적 근거가 확실하게 규명되지 않은 상황에서는 실제로 적용하는데 모험이 따르기 때문이다. 그러나 방사능 오염으로 치명적인 후유증을 앓아야 하는 비정상적이고 시급한 상황에서 과학적 규명의 완전성만을 트집 잡으며 이미 효과가 확인된 기술을 외면하는 태도는 안타깝기 짝이 없다. 현재까지 그 어떤 확실한 해결방안이 없는 상태에서 복합 미생물 기술이야말로 가장 안전한 선택일 것이다. 왜냐하면 토양 속 미생물을 활용하는 것은 부작용이 거의 없는 친환경 기술이기 때문이다.

분명 후쿠시마 사태를 극복하기 위한 인간의 의지와 노력은 다분히 감동적이다. 그렇지만 만약 과학 기술 측면에서 미생물 결사대가 후쿠시마를 구출할 수 있다면, 이는 어마어마한 인류의 축복이 되는 셈이다.

앞으로 가장 중요한 것은 결국 에너지가 될 것이다. 미생물을 이용해서 얻을 수 있는 것도, 얻어야 하는 것도 마찬가지로 결국은 에너지이다. 나는 30년 전부터 녹색 삶의 길잡이로 정치를 시작했다. 그 과정에서 대체에너지를 만들며 깨달은 게 있다. 핵분열과 핵융합에서 나오는 에너지를 잡는 게 얼마나 중요한가 하는 문제이다. 에너지는 크게 두 가지로 나누어 생각할 수 있다.

우선 하나는 자원에너지이다. 기름, 석탄, 가스 등이 거기에 해당한다. 다른 하나는 머리에서 나오는 기술에너지이다. 그렇다면 결국 우리가 만들어낼 수 있는 것은 기술에너지 뿐이다. 에너지를 만드는 가장 기본은 풍력, 조력, 화력, 태양렬 등이다. 먹을 것에 비유한다면 이들은 주식까지는 될 수 없고 약간의 간식 정도라고 하면 맞을 것이다. 주식에 해당하는 것은 태양에너지인 셈이다. 핵분열과 핵융합을 통해서 나오는 에너지를 잡는다고 할 때, 태양에너지를 이용하는 것은 핵융합 기술에 해당한다. 융합과 분열은 밤과 낮의 관계와도 같다. 우선은 핵분열에 집중할 수 밖에 없지만 나중에는 핵융합을 하게 될 것이다. 핵융합 기술도 결국 우리에게 들어오게 되겠지만 아무래도 시간은 걸린다. 핵분열은 상당한 기술 수준으로 발전되었는데 원자력발전소가 아니면 다룰 수가 없다. 이 세상은 항상 정반의 관계에 놓이게 되는 법이다. 얻는 게 있으면 반드시 잃는 것도 있게 마련이다. 핵분열을 통해 에너지를 얻어내는 원자력 발전소의 문제점은 무엇이냐. 그게 방사능이다.

방사선은 생명정보인 DNA의 이중나선을 파괴하여 생명의 근원을 말살한다. 이중나선은 한 두 가닥만 파괴되어도 복구가 어려워 생명현상을 연장할 수 없게 된다. 어떤 종류의 미생물은 이중나선 파괴로 생존이 불가능해지지만, 높은 양의 방사능으로 이중나선을 거의 완전히 다 파괴해도 24시간 내에 완벽하게 재생하는 미생물도 있다. 이 정도의 미생물이라면 지구상에서 가장 강인한 생물이라 할 수 있다. 지구 환경이 지금으로서는 상상하기 어려울 정도로 최악의 상태가 되더라도 미생물만은 살아남아서 다른 생물들의 탄생과 생존을 도울 것이라는 게 전문가들의 예측이다.

이미 원시지구의 열악한 환경에서도 꿋꿋하게 살아온 미생물이니 이러한 예측도 무리한 것은 아니다. 지금도 미생물은 높은 온도나 압력, 산소가 없는 깊은 땅, 바닷속 등 어떤 지역에도 살아갈 수 있다. 산성과 알칼리성이 아주 높은 흙속이나 영양분이 거의 없는 환경, 사막 같은 건조한 지역, 북극이나 남극과 같은 극한의 지대에서도 미생물은 살아간다. 온도가 아주 높은 화산 지역이나 온천지대, 물의 끓는점인 100도 이상에서도 생존이 가능하다. 화산 지대 같은 특수 지대에서 자라나는 고온성 미생물은 대부분 산소 대신 유독성인 황산화합물을 이용한다. 원시지구에는 산소 대신 유독한 황화가스가 공기 중에 많이 존재했다. 당시 지구는 매우 높은 온도였기 때문에 미생물이 살아가기 위해서는 당연히 황산화합물을 이용했을 것이고 그 덕분에 높은 온도의 생존이 가능해졌을 것이다.

50미터 깊이의 바다에서 인간은 아주 짧은 시간만을 버틸 수 있지만, 미생물은 압력이 대기압의 1,000배에 달하는 1만 미터 밑 바닷속 해구에서도 활동이 가능하다. 물이 한 방울도 없는 사막 지대는 물론이고, 강한 산이나 알칼리가 존재하여 생물체가 화학적으로 녹아버릴 수 있는 지역에서도 생육하는 존재가 바로 미생물이다.

그러므로 미생물은 방사능으로 오염된 최악의 핵폭발 지역에서도 꿋꿋하게 살아남아 자연을 복원시키며 생명체를 만들어낼 수 있는 것이다. 단순히 살아남기만 하는 게 아니라 오염 지역을 정화시키고 인간에게 유익한 여러 가지 변종까지 만들어내는 커다란 공로를 세우고 있다. 지구 환경 오염이 날로 심각해지는 현대를 살아가기 위해서는 보이지 않는 미생물의 막강한 힘에 대한 깊은 자각이 필요하다. 극한 환경에서도 살아가는 미생물의 비밀을 풀어 활용하면 인간의 삶에 어떤 변화가 올까? 맘껏 상상해도 좋을 것이다. 신소재도 얻을 수 있고, 달이나 목성에 갈 수 있는 방법도 나올 것이다. 미생물의 생존 전략을 인간의 삶의 질을 위해 활용한다면 인간의 삶은 더 풍부해질 수 있을 것이다. 그러나 미생물의 존재를 무시하고 외면

한 채 살아간다면 어느날 갑자기 끔찍하고 거대한 미생물 괴물이 나타나 우리를 단숨에 집어 삼킬지 아무도 모르는 일이다.

깡패 방사능 다스리는 미생물 애인

미생물은 방사능 오염에서도 살아남아 활동을 하는 막강한 생명력을 가졌을 뿐만 아니라, 애초에 방사능을 막아주는 건강 지킴이 역할도 한다.

세슘을 비롯한 방사능 물질은 정상적인 원소에 비해 질량이 크다. 즉, 덩치가 크고 힘이 강해서 그 힘을 무법자처럼 행사하는 악질 깡패와 같다고 보면 된다. 이 깡패에게는 3가지 무기가 있는데 바로 알파, 베타, 감마선이란 방사선이다. 그 위력으로 본다면 알파선은 주먹, 베타선은 칼, 그리고 금속마저 투과하는 감마선은 총에 해당한다. 사전적으로 보면 방사의 뜻은 무방비 상태에 함부로 사격을 가한다는 것이다. 그렇다며 악질 깡패가 무방비 상태의 선량한 생물들을 함부로 사격해서 해치지 못하게 하는 방법은 무엇일까. 더 강력하고 잔인한 조폭들을 동원시키는 것일까. 내 결론은 그와 정 반대이다.

우리 자연은 음과 양이 조화를 이루고 있다. 낮과 밤이 만나 창조적 변화가 일어나는 것이 조화로운 힘이다. 인간은 남성과 여성이 만나 새 생명이 탄생하게 되고, 이러한 원리는 동물의 암컷과 수컷에게도 마찬가지이다. 따라서 방사능 문제도 자연의 조화와 원칙을 기준으로 풀어낼 필요가 있다.

말하자면, 악질 깡패에게 아름다운 애인을 만날 수 있게 주선해주는 것이다. 홀딱 반할만한 애인을 소개시켜주어 깊은 사랑에 빠지도록 한다면 어떤 일이 벌어질까. 싸움할 생각을 잊게 되어 버린다. 즉, 무기 물질인 방사능 물질을 정반대의 유기 물질과 결혼시켜 깡패의 힘을 사용하지 못하게 하는 방법이다. 미생물들이 생성하는 효소 등의 유기물질은 악질 깡패인 방사능 물질과 결혼하기 위한 애인이 될 수 있다는 이야기이다. 이렇게 방사능과 미생물이 연애 사건을 일으키며 한 판 붙는다고 생각해보자. 어떤 일이 벌어질까.

생태학적으로 남성과 여성은 다르다. 남성은 힘이 세고 단순하다. 반면 여성은 힘이 약하나 남상들에 비해 지혜로운 편이다. 따라서 악질 깡패 남성인 방사능은 아름답고 애교스런 여성인 미생물에게 시간이 지날수록 고분고분해질 수밖에 없다. 더욱이 미생물 전체의 무게는 지구 전체 생물의 60%를 차지하므로 지구 생태계는 여성인 미생물, 즉 모계 사회인 셈이다. 국회에서도 과반수가 넘으면 집권당이다. 바로 미생물이 총 자연 생물체의 주도 세력, 집권당에 해당한다. 더 놀라운 사실은 미생물이 물질의 가장 기본 단위인 원소를 다른 원소로 변환시키는 슈퍼파워를 가지고 있다는 점이다. 즉, 여성은 새로운 생명을 출산할 뿐 아니라 어머니가 되면 남성보다 더욱 크고 막강한 힘을 발휘할 수 있다. 그러므로 무서운 방사능의 세력을 순화시키는 미생물이야말로 우리가 건강하게 살 수 있는 그런 환경을 유지하는데 절대적으로 필요한 존재임을 인식해야 한다. 다시 강조하면, 미생물이 자연 생명체의 산모이며 또한 자연 생명계의 지배자란 사실을 명심해야 한다.

앞으로는 바이오 시대가 온다. 바이오 시대가 온다는 것은 그만큼 미생물의 중요성이 커지고 있다는 의미가 된다. 지금 미생물과 관련한 연구로서는 일본이 매우 열성적이다. 우리가 산업 혁명이 늦어서 일본의 식민지가 되었으나 이제는 상황이 많이 달라졌다. 얼마든지 우리가 일본을 앞지를 수 있는 시대이다. 미생물 연구와 산업 분야에서 우리가 일본보다 늦은 건 사실이지만 삼성이 산요를 앞지르듯 우리가 일본의 EM(Effective Microorganism)을 앞지를 수 있다. 어려운 일이 아니다. 왜냐하면 미생물에 관한 모든 것은 다 상식이기 때문이다. 전문가들에게만 해당하는 어려운 연구가 아니라 우리의 의식주 생활과 밀접하게 연관되어 있고, 자연의 섭리에서 벗어나지 않으며, 가까이에서 늘 존재하는 생명체이다. 미생물은 이제 상식이다. 인식하느냐 외면하느냐의 차이가 있을 뿐이다.

미생물이 방사능을 비롯해 지구의 온갖 오염 물질을 정화시킨다고 여러 번 반복하고 강조했다. 이를테면 같은 원리로 나는 이런 생각도 해본다. 우리 몸도 소우주이다. 하나의 작은 지구라는 말이다. 미생물이 지구를 정화시켜서 대자연의 병을 치료하고 있으므로 우리 몸도 얼마든지 정화할 수 있지 않을까. 오염물질 방사능을 미생물이 정리했으니까 소우주인 인간의 몸도 정리할 수 있다. 암예방, 암치료. 미생물로 정리 가능하지 않은가. 방사선 동위 원소와 미생물의 결합으로 방사능을 고분고분하게 만들었듯이, 앞으로 미생물이 인간의 모든 병을 치료하는 이런 일도 할 수

있지 않겠는가. 장수 국가에서 사는 사람들의 생활을 가만히 관찰해보면 미생물 섭취를 매우 많이 하고 있다. 몽고라든가 이런 나라는 식물이 없다. 장수가 어렵다. 채소를 못 먹으니 미생물 섭취가 안 되는 것이다. 채소를 많이 먹으면 오래 살 뿐만 아니라 병도 별로 앓지 않고 피부도 곱다. 여성들의 아름다운 피부도 미생물이 알아서 관리하고 있는 셈이다. 미생물의 파워를 생각하다보면 생각이 꼬리에 꼬리를 물고 이어진다. 내 머릿속은 온통 미생물에 대한 꿈과 희망과 가능성으로 가득하다. 할 수 있다면 미생물 관련 홍보 영화라도 제작하여 널리 퍼트리고 싶은 심정이다.

미생물이 방사선 동위원소를 일반 원소로 바꾼다고 알려져 있는데, 최근에 독일 프랑스 기초과학연구소에서는 미생물이 a라는 원소를 전혀 다른 b라는 원소로 바꾼다고 밝혀졌다. 그만큼 미생물이 슈퍼파워다. 불변의 원소를 바꾸는 미생물 슈퍼 파워! 살고 싶으면 미생물부터 유혹하라.

미생물이 공룡의 알을 부화시키다?

방사능을 다스리는 미생물의 파워에 대해 이야기하다보니 이런 생각이 든다. 미생물은 방사능과 연애시키기 좋은 애인이라고 말했다. 애인은 어떤 존재인가. 사랑을 잘 유지시키면 장차 아내가 될 대상이고, 아내는 결국 어머니가 되는 존재이다. 미생물의 파워를 강인한 어머니의 힘에 비유하다보면 그 놀라운 분만의 위력과 신비에 고개가 숙여진다. 그런데 이 분만의 위력을 실감하게 해주는 미생물이 실제로 공룡의 알을 부화시킨다는 이야기를 언젠가 책에서 읽었던 기억이 난다.

내가 미생물을 지구의 어머니라고 한 것은 태초의 생명 탄생에 대한 이야기를 어느 정도는 상징적으로 한 것이다. 그런데 공룡의 알을 부화시킨다는 것은 상징도 비유도 아니다. 느닷없이 공룡 이야기를 꺼낸 것이 좀 뜬금없어 보일지는 모르겠으나 미생물의 신비한 능력을 실감할 수 있는 매우 과학적인 이야기라고 생각된다.

파충류인 공룡이 알을 낳는다는 것은 누구나 아는 사실이다. 물론 지금이야 공룡이 모두 사라지고 없지만, 기온이 따뜻하고 매우 습했던 2억 5천만~ 6천 5만 년 전의 중생대는 공룡이 흔하게 많이 살았다. 알을 낳는 동물들은 따뜻한 환경이 무엇보다 중요하다. 보온이 절대적으로 필요하기 때문에 새들도 따뜻한 체온으로 알을 품어서 부화시킨다. 공룡도 알을 부화시키려면 따뜻한 품속에 오랫동안 품고 있어야 할 것이다. 하지만 공룡의 경우에는 거대한 체중 때문에 알을 품기가 쉽지 않다. 공룡이 알을 품으면 부화하기도 전에 수십 톤에 이르는 그 어마어마한 체중에 짓눌려 와자작 깨져버리고 말 것이다.

그러면 어떻게 해야 할까. 공룡은 어떻게 알을 부화시켜서 번식했을까? 이제부터 그 부화의 비밀을 풀어보자. 자연사 박물관 같은 데를 가서 보면 공룡 알을 쉽게 관찰해 볼 수 있다. 공룡 알 가운데 작은 것은 사람 주먹만 한 것도 있고, 큰 것은 긴축이 50cm가 넘는 타원형도 있는 것을 알 수 있다. 공룡 알의 크기에 비해 공룡의 크기와 무게는 어마어마하다. 물론 모든 공룡의 무게가 엄청나게 무거웠던 것은 아니다. 몸무게가 약 3kg 정도의 약간 큰 닭만 한 크기의 공룡도 있었다. 이렇게 작은 공룡은 알을 품어서 부화해도 문제가 없었겠지만, 몸무게가 5톤이 넘는다는 초식공룡들은 어떤 방법으로 알을 부화했을까?

모성이란 인간이고 동물이고를 구분할 필요 없이 워낙 지극한 것이어서, 정도의 차이는 있을지언정 공룡들도 새끼를 돌보는 정성만큼은 예외가 아니다. 일부 공룡들은 오목한 둥지 안에 안전하게 알을 낳고 둥지 밑바닥과 알 위에 식물의 잎을 잔뜩 덮어주었다고 한다. 이때 식물의 잎과 둥지를 만드는 흙이 섞일 수밖에 없다. 이것은 시골에서 농부들이 퇴비를 만들기 위해 두엄을 만들 때 볏짚, 나뭇잎, 줄기 따위를 가축 분뇨와 섞어주는 것과 같은 환경이 된다.

추운 겨울철에 퇴비를 뒤집어보면 하얀 김이 올라오는 것을 볼 수 있는데, 건강한 흙속에는 미생물이 왕성하게 활동하면서 열이 발생하여 온도가 오르기 때문이다. 이렇게 활동하는 미생물은 산소가 없거나 산소의 함량이 아주 낮은 곳에서 살며 자라는 혐기성 미생물이다. 이 미생물은 식물의 잎을 먹고 똥오줌을 싸며 분해하여 영양공급원으로 이용하면서 열을 발생시키는 특징을 갖고 있다. 이런 원리로 따뜻해진 두엄은 온도가 70도까지도 올라간다. 충분히 알을 부화시킬 수 있을 정도의 온도이다. 그러니 공룡이 식물의 잎과 흙이 섞인 둥지에 알을 낳아 부화시킨다는 것은 얼마든지 가능한 이야기다. 특히 공룡이 살았던 중생대에는 공기 중 산소 함량이 지금보다 훨씬 적었다. 산소 함량이 적을수록 퇴비를 잘 만들어내는 미생물에게는 더없이 좋은 혐기적 상태를 잘 유지할 수 있었을 것이라는 유추가 가능하다. 결국 공룡의 알을 부화시키던 둥지는 퇴비를 만드는 것과 같은 원리로 미생물이 살기에 완벽한 조건이었다고 볼 수 있다.

공룡 시대의 크고 작은 공룡들이 이렇게 퇴비를 만드는 원리를 이용해서 알을 부화시킨 것을 보면 덩치에 비해 작은 머리지만 지능이 아주 나쁘지는 않았던 모양이다. 지금도 공룡들이 알을 낳아 부화시켰던 것으로 추정되는 오목한 화석들을 간간이 발견할 수 있으니, 공룡들에게는 흔하고 당연한 부화 방법이었던 것 같다.

그러나 여기서 신기한 것은 공룡의 지능지수보다도 커다란 알을 부화시킬 정도의 파워를 가진 미생물의 능력이다. 결국 미생물이 에너지를 만들어낸다는 이야기다. 공룡이 알을 부화시키던 둥지처럼 혐기성 미생물이 지낼 수 있도록 산소를 부족한 상태로 만들어 물질을 분해시켜 열을 발생시키면 부족한 에너지 자원을 만들어낼 수 있지 않을까.

현대의 과학은 땅속의 여러 가지 성분들을 통해 각종 에너지와 화학물질을 추출해낼 수 있다. 과학자들은 지구에 흔하게 널린 식물체들과 유기적인 관계를 맺고 있는 미생물의 발효 작용을 이용해 여러 가지 에너지와 화학 물질 소재들을 만들어내는 일이 가능하다고 한다. 실제로 이런 원리를 이용한 바이오 정유 산업에 대한 연구도 진행중이다.

미생물은 다정한 애인 역할을 하며 방사선을 다스려서 꼼짝도 못 하게 순화를 시켜버리기도 하지만, 어머니의 힘으로 새로운 에너지를 탄생시키는 엄숙하고 위대한 분만의 능력을 발휘하여 막강한 파워를 뿜어내게도 하는 것이다. 이런 생각을 하다보면 미생물 앞에 무릎을 꿇고 머리를 조아리며 충성 맹세라도 하고 싶어진다.

다양한 미생물, 흙속에 우글우글!

미생물도 다양하다. 수천만 종류가 넘는다. 미생물에게도 취향이 있는지 자기가 좋아하는 식물이 있고 좋아하는 인종도 있다. 역으로 식물이나 사람도 좋아하는 미생물들이 각각 다르다. 백인이 좋아하는 미생물을 흑인이나 황인종이 좋아하지 않는다. 사람에 따라 인종에 따라 좋아하는 미생물 군이 다르다. 그래서 좋아하는 음식이나 편안함을 느끼는 환경이 다 다르다. 그러므로 미생물을 다루는 사람은 자연의 이치를 알아야 한다. 자연의 속삭임을 깨달아서 조물주의 뜻을 알아야 미생물을 다룰 수 있는 것이다. 신의 뜻은 어떤 사람이 알아챌까? 종교적 믿음이 강한 사람이 아니다. 신의 뜻을 아는 사람은 머리가 좋은 사람이다.

잠깐 우스개말을 해야겠다. 백인종, 황인종, 흑인종 중에 누가 머리가 좋을까? 조물주가 인간을 만들 때 어디에서 만들었냐하면 바로 부엌에서 만들었다. 부엌에서 음식을 만들 때 가장 중요한 것이 불 조절이다. 그런데 조물주가 온도를 너무 낮춘 상태에서 만든 인종이 백인이다. 덜 익어 허옇게 되어버렸다. 이번에는 잘 만들어야지 하고 온도를 조금 높인다는 것이 그만 너무 올려 흑인이 되었다. 두 번의 실수를 거듭하고서야 불 조절을 제대로 할 수 있게 되었을 때 만든 것이 바로 우리 황인종이다. 결과적으로 조물주가 가장 성공적으로 만든 인종이 황인종이니 머리가 제일 좋을 수밖에. 그 중에서도 가장 머리가 좋은 사람들이 한국인이다. 중국, 일본, 한국, 이 세 국가 중에

한국인이 가장 바둑을 잘 둔다. 바둑은 머리 좋은 걸 알아보는 바로미터다. 바둑 인구는 가장 적지만 우리가 1등 승률이 가장 높다. 결국 신의 뜻을 알아채고 미생물을 다루기에는 한국인이 최적격이라는 게 나의 주장이다. 웃으라고 한 이야기지만 나의 진심이기도 하다. 지금 일본이 미생물 연구에 엄청난 열을 올리고 있지만 곧 우리가 그들을 압도하게 될 것이라고 생각한다.

미생물이 워낙 다양하기 때문에 연구 영역도 무한대로 펼쳐져 있다. 미생물에 관심을 가진 사람들은 보통 호기성, 혐기성, 통기성을 따져 본다. 산소를 좋아하여 공기 중에서 잘 자라는 호기성, 산소가 없거나 낮은 함량일 때 활동하는 혐기성, 공기가 통하는 성질이나 정도에 따라 달라지는 통기성에 따라 미생물을 분류하고 그 특성을 이용한다. 그러나 일반인들은 그런 걸 따지기보다 우리한테 우군인가 반군인가를 따져보는 일이 더 쉽게 여겨진다. 물론 우군이든 반군이든 공생의 원리로 생각하면 그런 구분조차 무의미하다.

토양 속에는 각종 미생물들이 다 섞여 있어서 뭐가 뭔지 알 수 없다. 그러나 식물은 구분 가능하다. 몸에 좋은 표고버섯에 붙어 있는 미생물은 우군, 먹었다가 즉사를 할 수도 있는 독버섯에 붙어 있으면 반군인 셈이다. 식물과 미생물은 유유상종이기 때문이다. 미생물들도 저들끼리 전쟁을 하고 무리를 지어 다닌다. 우군이 많이 사는 토양이 있을 수 있고 반군이 많은 토양도 있다. 건강한 사람의 피가 도는 쪽에는 우군이 많이 살고, 시커먼 죽은 흙에는 반군이 많다. 하지만 구분이 잘 안 된다. 식물은 안 그렇다. 우리가 먹는 식물들은 대개 우군이다. 우리가 먹는 식물이 많이 사는 땅에는 사람도 가까이 산다. 사람이 가까이 있는 곳의 미생물이 우군인 것이다.

일본의 어느 레스토랑에 식재료로 쓰일 여러 종류의 사과가 납품되었다. 대부분의 사과는 오래 가지 않아 썩어서 못 쓰게 되는 일이 잦았지만, 일주일이 지나도 싱싱하게 장수하는 사과가 있었다고 한다. 농약을 많이 친 것이 아니겠는가. 까다로운 주방장이 어디에서 납품되었는가 알아보고 직접 찾아가보니 비료를 준 게 아니라 야생으로 사과가 자라고 있었다. 그 땅을 파보니 흙이 몹시 부드러워 삽이 쑥 들어가는데, 흙을 분석해보니 미생물이 와글와글하더라는 이야기를 들은 적이 있다. 비료를 준 땅에는 삽이 잘 들어가지도 않는다. 미생물의 위력이 이 정도로 놀랍다. 흙을 다스리고 자연을 재탄생시킨다.

자연은 생명의 순환이다. 봄이 되면 새싹이 나고, 여름이면 무성하게 자라고, 가을이 되면 한 잎 두 잎 떨어져 죽고, 봄이 되면 다시 소생한다. 어머니 태반에서 나오는 것처럼 그렇게 생명을 만들어내는 게 흙이다. 흙에는 미생물이 들어 있으므로 미생물은 자연의 태반이다. 다양한 미생물 중에서도 우군 미생물을 가까이 접하며 건강하게 살고 싶다면 흙으로 돌아가야 한다.

"아기 염소 벗을 삼아 논밭 길을 가노라면 이 세상 모두가 내 것인 것을, 푸른 잔디 벗을 삼아 풀 내음을 맡노라면 이 세상 모두가 내 것인 것을, 나는야 흙에 살리라 흙에 살리라~" 일찍이 '흙에 살리라'를 노래했던 가수 홍세민은 아무래도 이 미생물의 비밀을 알고 있었던 게 아닐까.

미생물은 호기심을 좋아해

평소에도 그렇지만 특히 주말이면 나는 여기 저기 강연을 하러 다니는 일이 잦다. 남들 다 산으로 들로 놀러 다니는 주말에 TV 앞에 누워 리모콘을 쥐고 나른한 낮잠이나 청하면 좋겠지만, 그런 여유는 내 몫이 아닌 듯하다. 강연을 하는 나야 팔자소관으로 돌려버리면 그만이지만 강연을 들으러 오는 분들을 보면 참으로 감사하고 존경스럽다. 귀한 주말에 아침부터 부지런히 외출 준비를 하고 먼 길도 마다 않고 강연을 들으러 온다는 것은 그만큼 뭐 하나라도 배우고 얻겠다는 마음 아닌가. 우리 국민들은 무엇이든 배우는 일에 시간과 돈을 투자하는 것을 아까워하지 않는다. 자식을 키우고 가르치는 교육열 뿐만 아니라 스스로의 지적 역량을 키우는 일에도 유난히 부지런한 민족이다. 요즘은 사이버 대학들도 많이 생겨서 만학의 기쁨을 만끽하는 사람들도 점점 늘어나고 있다. 왜 그렇게들 배우고 싶어 하는가. 배움에 대한 욕구는 곧 호기심이다. 무엇이든 궁금하게 생각하며 알아야겠다는 의지를 발현시키기 때문에 호기심은 매우 중요한 것이다. 궁금증과 호기심은 곧 상상력과 창의력으로 이어진다.

나는 그동안 대단한 업적을 이룬 훌륭한 사람들을 많이 만났다. 빌 게이츠, 스티브 잡스, 제임스 카메론 이런 사람들을 만나보면 학벌보다 재능보다 더 중요한 것이 바로 호기심이다. 스티브 잡스도 빌 게이츠도 모두 대학 중퇴자이다. 그런데 이들의 삶은 어떠한가. 자기의 분야에서 전 세계의 이목을 집중시키는 업적을 이루어낸 주인공들이다. 이들은 대단한 학벌을 가지지 않았어도 MIT, 하버드 수재들을 다 고용해서 쓰고 있다. 제임스 카메론 감독이 만든 '아바타' 영화 한 편이 삼성이 전자제품 만들어 수출하는 것보다 파급력이 훨씬 강하다. 언젠가 카메론 감독을 만난 일이 있었는데, 내가 그에게 우리 아이들을 위해 한 마디만 해 줄 수 있겠냐고 부탁했다.

"Curiosity is the most important thing in life."

그는 인생에서 가장 중요한 것이 바로 호기심이라는 짧은 한 마디를 해 주었다. 이런 차원으로 생각할 때 지금 우리 아이들의 입시 위주 주입식 교육은 호기심을 다 망가뜨리는 독약과도 같은 교육 방식이다.

내가 국회 생활을 할 때 대학생 해외 연수를 함께 다닌 적이 많다. 시장판이

든 박물관이든 어디를 가나 나는 그 나라의 젊은이를 유심히 본다. 전 세계 어디를 가나 우리나라 아이들처럼 불쌍하게 무식한 공부를 하고 있는 젊은이들이 없다. 수능이다 자격증이다 스펙이다 해가며 그렇게 공부를 열심히 하는데도 우리나라에서 자연과학 부분, 예술 부분의 노벨상이 하나도 안 나온다. 답답한 노릇이다. 호기심과 상상력을 자극하여 창의력으로 발휘할 수 있는 토대를 마련해 주지 않기 때문이다.

아이들은 세상에 눈을 뜨기 시작하는 순간부터 궁금증이 수도 없이 많이 생겨난다. 이 궁금증을 더 많이 증폭시켜 살려줘야 한다. 나는 요즘 노벨위원회와 협의하며 어린이노벨후보상을 준비중이다. 그 상은 궁금증과 호기심을 가지고 자발적으로 참여해서 스스로 공부하게 하는 것이다. 제임스 카메론, 스티브 잡스, 빌 게이츠가 그 잘 되어 있다는 미국 교육 시스템에서 대학을 안 나오고도 전 세계적 영웅이 된 것은 사회 전체가 대학이고, 자기가 가서 궁금해 하고 생각하고 연구하는 곳이 바로 교실이었던 것이다. 궁금증과 호기심을 가지고 스스로 독학 자습하는 것이야말로 진정한 공부이다. 궁금증과 호기심은 질문을 낳게 되어 있다. 나는 어린이노벨후보상을 마련해 질문 잘 하는 학생에게 주려고 한다. 외우는 거 잘해서, 시험 잘 치르는 비법 터득해서 일류대 수석 졸업해봐야 기껏 대기업 간부 정도 될 것이다. 대기업 간부를 폄하해서 하는 소리가 아니라 빌 게이츠나 스티브 잡스 같은 전 세계적 영웅이 대한민국에서 탄생하기를 바라는 마음으로 하는 이야기다.

다시 미생물 이야기로 돌아가 보자.

일본의 콩 발효 식품 중의 하나인 낫또를 팔아서 오는 이익이 일본의 자동차

수출 전체 이익보다 많다. 일본이 요즘 미생물 수출을 엄청나게 하고 있다. 미생물도 특허가 가능하다. 앞으로 미생물에게 국적을 줄 것이다. 김치 미생물 중에서 김치맛을 좋게 하는 특별 미생물 같은 것은 우리가 연구를 집중적으로 해서 우리 국적으로 확보해야 한다.

국가 예산을 이런 연구에 쓰지 않고 4대강 사업 같은 데에 투자하고 있는 것을 보노라면 안타깝고 답답하기 짝이 없다. 그러는 사이에 김치균 중에서 제일 맛있고 좋은 것을 일본 국적으로 줘 버리면 어떤 일이 벌어질 것인가. 우리가 김치 담가 먹으면 어느 날 일본에서 고지서 날아온다. 당신 지금 식구가 몇 명인데 우리 미생물 시간당 몇 마리 썼으니까 기술료 내라 한다. 우스개 소리가 아니다. 그런 시대로 급격히 변화되어 가고 있다.

미생물 국적을 확보하는 일도 궁금증과 호기심을 가지고 몰두할 때 얼마든지 가능해진다. 우리는 당장 학생들의 교육 방식을 바꾸고, 자연 과학 분야에 수많은 인재들이 나올 수 있도록 환경을 조성해야만 한다. 호기심이 국력이다.

사람의 몸과 친밀한 미생물

일본은 EM(유용미생물군, Effective Microorganism)을 여러 군데 많이 활용하고 있다. EM은 일본 학자가 1983년에 효모, 유산균 등 80여 종의 유용미생물을 모아 배양해 키운 것이다. EM

이라는 것은 사람의 병을 고치는 것이 아니라 주로 환경 쪽에 미생물로 쓰고 있는데, 우리는 우리 몸을 청소해서 병이 안 나도록 쓰는 것으로 했으면 좋겠다. 전문가들이 공통으로 연구해야만 한다.

더 이상 자동차, 중화학, IT 등은 그다지 매력있는 연구 분야가 아니다. 게다가 하드웨어는 중국과 경쟁이 안 된다. 올림픽에서도 우리가 금메달 따는 종목은 따로 있다. 우리가 금메달을 따는 것은 탁구, 양궁, 쇼트트랙 등이다. 베이징에서는 야구도 땄다. 우리가 가야할 길은 하드웨어가 아니다. 금메달을 따는 것은 바이오 분야다. 그래야만 우리 경제는 중국과 보완적 관계가 되고 급기야 중국의 머리가 될 수 있다. 바이오 산업이 급격한 속도로 변해가고 있다.

타미플루 이야기를 잠깐 하자. 엄청난 연구진을 자랑하는 스위스의 제약회사인 로슈가 부도 위기에 처한 적이 있었다. 부도 직전이기에 뭔가 회사를 살릴 연구 개발 품목이 절실히 필요했다. 그 즈음 영국의 어느 벤처 회사가 타미플루를 개발하는데 성공했으나 생산 기술이 없어 실용화되지 못하고 있었다. 로슈가 그걸 잡아 부도 직전에 떼돈을 벌어 돈방석에 앉았다. 어떻게 가능했을까? 쉽게 말해 컨닝을 한 것이다. 그러나 단순히 컨닝 덕을 본 것일까. 사실 로슈는 오랫동안 연구 개발을 해오면서 축적된 안목으로 타미플루 개발 능력이 있었던 것이다. 컨닝도 실력이다. 머리가 어중간하면 절대 컨닝도 못 한다. 컨닝을 다른 표현으로 응용이라고 해두자. 나는 우리가 EM에서도 일본을 앞지를 수 있다고 생각한다. 왜냐하면 우리는 컨닝, 즉 응용 능력도 있기 때문이다. 환경 쪽으로 활성화 사업을 일으키고 있는 EM이지만 조금만 생각을 달리하면 인체 몸 안을 청소하고 병을 치료하는 쪽으로 돌리면, 마치 로슈가 타미플루를 만들어 낸 것처럼 될 수 있다. 이런 능력은 궁금증과 호기심을 가진 사람들이 발휘할 수 있다. 내가 앞서 카메론 감독의 말을 강조한 이유이다.

미생물은 인간의 인체와 관련이 매우 깊다. 일본의 낫또가 많이 나가는 것도, 한국인이 김치 덕분에 사스의 공포에서 자유로울 수 있는 것도 다 미생물이 인체에 미치는 어마어마한 영향력에서 비롯된다. 대변의 미생물을 분석하면 건강 상태를 바로 알 수 있다. 대변을 봐서 건강하고 유익하고 강력한 우군 미생물이 많으면 이 사람은 건강하다. 우군 미생물은 별로 없고 이중간첩 비슷한 미생물들이 많으면 문제가 있다. 일반적으로 어린아이와 어른의 똥을 비교해보면 보면 미생물 차이가 많이 난다. 어린아이의 똥은 예쁜 미생물들이 바글바글하지만, 어른의 똥은 사하라 사막이다. 미생물이 우리의 건강과 얼마나 밀접한지 짐작이 가능하다.

이런 생각을 했다. 미생물로 암을 치료할 수도 있지 않을까. 인생을 성공적으로 잘 살아온 70~80세 정도 된 분들이 암에 걸리면 유명한 의사란 의사는 다 찾아다닌다. 그런 분들은 돈이 있으니까 서울대 병원이며 연세대 병원 같은 데에 가서 첨단 의학 기술을 통해 암 치료를 받는다. 그런데 내가 아는 분들 중에 병원 가서 암 치료 받은 사람들은 다 죽었다. 그것도 머리카락 다 빠지고, 구역질을 하고, 몸에 기력은 다 떨어져 온갖 고생을 하다 죽었다.

그러나 반대로 이런 경우도 있었다. 치료 안 받겠다, 다 관둬라, 얼마나 더 살 거라고, 치워라, 강원도 산골이나 들어가서 편히 살다 죽겠다, 이런 사람들은 80%가 다 암으로부터 자유로워져서 건강하게 살았다. 깊은 산골에서 나오는 맑은 물을 마시고, 화학 비료 따위는 쓰지 않고 채소 키워 먹으면서 살던 암 환자들 80%가 다 살았다는 이야기는 언젠가 KBS 다큐 프로그램에서도 방영한 적이 있다.

지구 생물 무게의 60%가 미생물이다. 나는 앞에서 국회도 과반수 넘으면 집권당이니 미생물은 지구 집권당이라고 말했다. 미생물 천지인 시골로 갔다는 것은 어머니 품에 들어갔다는 의미이다. 아픈 애들도 엄마 품속에 가면 다 병이 낫는다. 게다가 힘이 센 집권여당 속에 들어간 것 아닌가. 이 두 가지 때문에 건강을 찾은 것이다. 그런 점에서 미생물의 가능성을 크게 봐야한다.

내 학위논문이 암이다. 국립암센터 암 전문가들에게 이런 이야기를 했다. 살아가다보면 인생에는 전쟁과 사랑, 두 가지가 있다. 지금의 암 치료는 전쟁이다. 대포 쏘고 총 쏘고, 이러면서 정상 세포 전부 다치고 상처 입는다. 이걸 사랑으로 바꿔보면 어떻겠느냐. 미생물을 앞세워 살살 달래가며 사랑이란 걸 해보자. 그랬더니 국립암센터의 암 전문가들은 그게 가능하겠느냐는 반응을 보였다.

미생물을 혐기성, 호기성 등으로 그렇게 학술적으로만 보지 말고 쉽게 두 가지로 보자. 미생물을 우군과 반군으로 본다. 어떻게 식별하느냐. 미생물이 토양 다음으로 좋아하는 건 식물이다. 유유상종이다. 맛있는 채소에는 좋은 우군 미생물이 다양하게 붙어있다. 이건 이미 입증이 되어 있는 사실이다. 이런 원리를 암 치료에 활용할 수 있다고 나는 생각한다.

소화기관을 보면 대충 몸이 안 좋은 사람들은 소화 장기 내에 좋지 않은 부산물을 많이 만들어 노화 속도가 빨라진다. 좋은 미생물이 몸 속으로 들어가서 46억 년 전 원시 지구를 정화시키듯이 좋지 않은 것들을 정리해주면 건강해질 수 있다. 어떤 미생물을 몸 안에 갖고 있는지 측정하면 건강 상태를 알 수 있다.

암을 이야기하기 전에 항생제의 본질에 대해 생각해보자. 항생제도 결국 미생물의 똥오줌에서 걸러내 찾아낸 것이다. 암세포라는 것도 어떻게 보면 병원성 세포이다. 병원성세포도 결국은 사람의 똥오줌에서 미생물로 발효시키고 어떻게 정리하면 부작용 없는 미생물 항생제를 만들 수 있다는 상상이 가능하다. 우리가 우군의 미생물을 복용하면 자기가 필요할 때 알아서 증식해 활동하여 부작용이 없다. 강원도 심심산골 들어가서 살던 암 환자들은 수많은 우군 미생물의 활동 덕분에 암 치료가 된 것으로 유추할 수 있다.

지금 내 이야기는 일본을 비롯해 여러 나라를 다니며 비싼 비행기값과 호텔값을 지불하고 많은 생각을 하며 얻은 지적재산권이다. 내가 만난 일본의 어느 분이 암 선고를 받았는데, 자기 똥오줌에서 미생물을 채취해서 그걸 먹고 나았다. 물론 학술적 근거는 없으니까 더 이상의 주장은 할 수 없다. 어쨌든 그는 지금 아주 건강하다. 나는 그를 만나서 이야기도 하고 사진도 찍었는데, 그가 먹었다는 똥오줌을 먹어보니 냄새가 아주 고약했다. 나는 이걸 빌 게이츠 연구 재단에 신청할까 생각한다. 너무 엉뚱한 생각인가? 한 가지 더 이야기 하자면, 그 암 환자의 농장에서 돼지를 키운다. 돼지는 잡균이 많아 병에 잘 걸린다. 그런데 돼지의 똥오줌을 섞어서 사료로 먹였더니 그 농장 돼지들의 병이 다 없어졌다. 이런 것이 우리가 미생물을 통해 얻을 수 있는 미래 산업의 바탕이다. 식물도 낙엽이라는 똥오줌을 싼다. 낙엽이 떨어져 미생물 발효가 되고 뿌리에 흡수되니까 식물이 건강하다. 인간이 안고 있는 문제를 해결할 수 있는 여러 가지 지혜가 미생물이다. 앞으로는 미생물 정보공학 이런 분야가 발전한다. 수많은 임상 경험을 바탕으로 미생물을 개발하고 잘 활용해야 한다.

최근에는 한약재에도 미생물을 많이 쓴다. 발효한약이다. 우리 몸에 대단히 좋은 한약재라 할 수 있다. 발효한약이 왜 좋으냐. 모든 생물들은 그 나름대로 국방체제도 있고 내무부도 있다. 식물도 국방체제가 있다. 튼튼한 국방체제를 갖춘 우군 미생물을 써서 발효하면 우리 몸에 들어왔을 때 독을 없애 잡균을 처리하고, 몸에 좋은 미생물들이 왕성하게 활동한다. 한약재에 미생물이 필요한 이유이다. 우리의 한의학에 미생물을 접목하면 새로운 바이오 혁명이 되지 않겠는가 하는 게 내 생각이다.

내가 좋아하는 시 가운데 유치환의 〈깃발〉이라는 시가 있다.

이것은 소리 없는 아우성
저 푸른 해원을 향하여 흔드는
영원한 노스텔지어의 손수건

순정은 물결같이 바람에
나부끼고
오로지 맑고 곧은 이념의 푯대 끝에
애수는 백로처럼 날개를 펴다

아, 누구인가
이렇게 슬프고도 애달픈 마음을
맨 처음 공중에 달 줄을 안 그는.

난데없이 왜 이 시를 운운하는가. 깃발은 풍향을 알려준다. 가야할 목표, 역사의 풍향을 알려준다. 스위스 로슈를 능가하는 역사의 깃발을 아는 사람들이 앞으로 많이 나와 주어야 한다. 그런 사람들이 많이 나올 때 나는 이 시의 마지막 구절을 이렇게 바꾸고 싶다.

"아, 누구인가 / 이렇게 기쁘고도 보람찬 미생물의 마음을 / 맨 처음 공중에 단 그는."

의식주를 해결하는 미생물 라이프

술이 익는 소리

사람 나고 돈 났지, 돈 나고 사람 났냐.

뭐니뭐니해도 중요한 건 머니라는 말들을 농담 삼아 하지만, 그래도 살아보면 사람만큼 소중한 게 없다. 더구나 술자리에서 인생의 시큼털털한 맛을 느끼며 허심탄회하게 대화를 주고받을 수 있는 사람과 느끼는 친밀감은 마음을 마냥 부자로 만든다. 언제 술 한 잔 합시다. 이 말은 당신과 좀더 친밀한 시간을 갖고 싶다는 뜻을 전한다. 술이 좋아서인지 사람이 좋아서인지 모르겠다. 어쨌든 술은 사람 사이를 부드럽고 다정하게 만들어준다.

그렇다면 사람 나고 술 났을까, 술 나고 사람 났을까.

결론부터 말하자면 술 나고 사람 났다. 술을 만드는 주인공이 바로 미생물이기 때문이다. 미생물은 사람보다 먼저 지구상에 살고 있었고 그들이 대자연 속에서 빚은 술을 사람이 발견했을 뿐이다. 어, 이거 뭐지? 먹어보니 기분이 좋아지네? 술을 발견한 인류는 관찰과 시행착오를 통해 술을 빚는 방법을 찾아냈고 균일한 맛을 낼 수 있는 비법을 끊임없이 연구하고 간직해 왔다. 술이 사람보다 먼저 생겨났다는 내 생각에 아무도 이견이 없을 것이다. 인간이 위대한 것은 자연을 기가 막히게 활용할 수 있는 뛰어난 통찰을 가지고 있다는 것이다. 그것도 무한하게!

술은 인간의 삶을 넉넉하고 여유롭게 만들어주는 순기능을 한다. 물론 적당량을 적절하게 마실 때 그렇다. 혈액 순환을 촉진시키고 일상의 피로와 스트레스를 풀어주며 생리활성물질을 분비하고 촉진시켜 주기도 한다.

기록으로 남아 있는 인류 최초의 술의 역사는 지금의 이라크 지역에서 시작한다. 기원전 6,000년경 신석기 시대 메소포타미아 인들이 포도주를 담근 기록이 남아 있다. 기원전 4,200년경 메소포타미아 문명의 주역인 수메르 인들은 곡물을 발효시켜 술을 담그는 방법을 설형문자로 자세히 기록해 놓았다. 발아한 곡물의 낟알로 만든 엿기름을 이용해 빵 반죽을 만들고, 잘게 빻아서 물과 섞은 뒤 액체를 채에 걸러 토기에 저장한다. 일정 시간이 흐르면 토기에서 보글보글 거품이 솟아오른다. 발효가 되고 있는 것이다. 미생물이 술을 만드는 현장이다. 이 술이 인류 최초의 맥주로 알려져 있다.

수메르 인의 후계자인 바빌로니아 인들은 보다 발전되고 다양한 맥주를 마셨다. 맥주 산업이 번창한 시대였다. 바빌로니아의 유명한 성문법인 함무라비 법전에는 맥주에 관련된 법조문까지 들어있었다. 맥주 산업은 국가사업이었다. 당시 함무라비 왕은 물을 섞은 맥주를 판매한 업자를 적발해서 맥주 통속에 빠뜨려 익사 시키거나 죽을 때까지 술을 마시게 했다는 웃지 못 할 기록도 있다.

중국은 술로도 유명하다. 고고학적 발굴에 의해 밝혀진 중국의 술의 역사는 지금으로부터 약 5,000년 전으로 거슬러 올라간다. 중국의 대표적인 술은 우리에게 고량주로 알려진 백주다. 중국 쓰촨성에는 명나라 때 세워져 400여 년 동안 전통적 방법으로 백주를 빚어온 양조장이 있다. 놀랍게도 지금까지 그 원형이 그대로 보존되고 있다. 이곳은 현대 과학으로도 아직 다 밝혀내지 못한 거대한 미생물 활동지라고 한다. 이곳에서 빚은 술은 맛과 품질이 뛰어나 고가의 술로 팔리고 있다. 이 양조장은 국보로 지정되어 있다.

우리민족은 축제의 흥겨움 속에서 살아왔다. 축제에서 빠질 수 없는 것이 술이다. 예의 무천, 부여의 영고, 고구려의 동맹 등 우리민족의 고대 제천행사에서는 늘 하늘에 제사를 지내고, 밤낮으로 술을 마시며 노래 부르고 춤을 추었다는 기록이 있다. 지금도 우리나라 사람들의 1인당 술 소비량은 세계 상위권을 차지하고 있다. 흥이 많은 민족이다. 우리 민족의 흥은 이제 글로벌화되기에 이르렀을 정도이다. K-POP은 아시아를 넘어 전 세계의 무대를 장악하고 있고, 가수 '싸이'는 지구인이 다같이 하나 되어 말춤을 추도록 만들었다. 흥이 많다는 것은 술을 좋아한다는 것이고, 술을 좋아한다는 것은 흥이 많다는 것이다. 우리는 남녀노소를 불문하고 두셋 이상만 모이면 술이 빠지지 않는 민족이다.

지방자치단체에서는 월 별, 계절 별로 각각 크고 작은 축제를 열고 있다. 이 수많은 축제들이 열릴 때마다 그 어떤 축제에도 빠지지 않고 등장하는 주요 메뉴는 술이다. 술에 대한 우리의 사랑은 참으로 각별하다. 술은 동서고금을 막론하고 인류의 삶을 흥겹고 풍성하게 만들어 주고 있다. 이 위대한 술을 누가 만들었냐. 미생물이다. 우리는 술을 통해 미생물의 위력을 다시 한 번 절감하게 된다.

술이 만들어지는 화학적 과정은 단순하다. 녹말을 당으로 분해시키는 당화의 과정과 당을 알코올로 변화시키는 두 단계의 화학적 과정을 거치면 술이 만들어진다. 화학적 과정은 단순해 보이나 이 과정에서 미생물의 절대적인 도움이 필요하다. 술을 만드는 미생물은 종류가 다양하지만 대표적으로 효모와 누룩곰팡이로 구분된다. 모두 알코올 생성력이 강력한 유용성미생물이다.

술은 제조 방식에 따라 크게 양조주, 증류주, 재제주로 분류할 수 있다. 양조주는 포도와 같은 과일에 있는 단당류를 바로 발효시키거나 곡물에 있는 녹말의 당화 과정을 거쳐 발효 시킨 술이다. 포도주, 맥주, 막걸리, 청주 등이 여기에 속한다.

양조주는 알코올 농도가 12~14%를 넘지 못한다. 효모는 유기용매인 알코올 농도 14% 이상에 접촉되면 죽어버리기 때문이다. 자기가 만든 알코올 때문에 자기가 죽는다니 참으로 아이러니한 현상이다.

증류주는 효모가 만들어낸 알코올을 농축시켜 만든다. 양조주를 가열하면 비등점이 낮은 알코올이 물보다 먼저 증발하게 되는데 이때 기화된 기체를 모아 알코올 함량이 높은 액체를 얻어낸 것이 증류주이다.

미생물의 도움 없이는 술을 빚을 수 없다. 메소포타미아 인들은 어떻게 미생물의 존재를 알아내고 술을 만들었을까. 우연의 산물이었을까? 우연이든 필연이든 인류는 기록 이전부터 술을 빚었을 것이라고 추정된다. 인류는 자연의 오묘한 법칙을 하나씩 배우고 터득하며 끊임없이 진화해왔다. 술을 빚는 발효과학은 인류가 일찌감치 터득한 지혜중의 하나이다. 발효 과학의 중심에는 우리 민족만큼이나 흥이 많은 미생물이 떡하니 좌정하고 있다. 귀를 기울여 보시라. 지금 이 순간에도 시골집 투박한 항아리 속에서는 텁텁한 막걸리 익어가는 소리가 보글보글 들려온다. 건강하고 맛깔스럽고 걸쭉한 미생물이 흥얼흥얼 기분 좋은 소리로 끓고 있다.

미생물 대한민국, 김치

류코노스톡, 요 녀석을 찾아내기까지 100만 통의 김치를 담갔다.

김치 냉장고를 만든 어느 중견 기업의 성공 스토리에 등장하는 이야기다. 현재까지 밝혀진 김치 유산균은 500종이 넘는다. 김치 냉장고의 비밀은 김치 유산균 중의 하나인 류코노스톡의 최적화된 생육 환경을 만들어 주는 일이었다. 김치는 류코노스톡의 생육 상태가 최상이 되었을 때 최고의 맛을 낸다는 것을 알아내고 김치 냉장고를 개발하기에 이른 것이다.

저장 온도가 높을수록 류코노스톡의 생존 기간은 짧아진다. 당연히 김치의 신선한 맛이 떨어질 수밖에 없다. 건조 음식을 보관하기 위해 설계된 일반 냉장고는 냉장실 평균 온도가 3~5도인데 온도 편차가 심해서 김치 유산균이 장기간 유지될 수 없다. 겨울철 땅 속에 묻은 김칫독의 경우 저장온도가 영하 1도 상태를 유지하게 된다. 이 때 김치 유산균인 류코노스톡의 개체수가 최대치로 증가하여 보존되는 것으로 조사된 것이다. 김치의 맛이 장기간 유지 될 수 있는 조건은 영하 1도를 편차 없이 일정하게 유지시켜주는 것이다. 이것은 류코노스톡의 생육을 가장 왕성하고 활발하게 만들어주는 온도이다.

그 중견 기업은 100만 통의 김치를 담그는 노력과 연구 끝에, 김치 발효 원리의 데이터베이스화에 성공했다. 축적된 기술력으로 김치 냉장고를 만들 수 있게 된 것이다. 개발이 끝난 후, 김치 냉장고의 브랜드 이름을 짓고 시장에 선을 보이기 위한 실용화 준비를 철저히 했다. 김치 냉장고 출시 후 시장 반응은 뜨거웠다.

김치 없이는 밥을 먹을 수 없었던 것처럼, 이제 김치 냉장고 없이는 김장을 담글 수 없게 되었다. 김치 사랑이 유난스러운 우리나라 사람들에게 김장항아리와도 같은 김치 냉장고의 등장은 일년 내내 싱싱한 김치를 맘껏 먹을 수 있다는 어마어마한 혜택을 선언한 셈이 되었다. 일대 혁명이 일어난 것이다.

뒤이어 국내 가전 3사에서도 김치 냉장고 시장이 크다고 판단하고 앞다투어 김치 냉장고를 출시하기 시작했다. 완전히 새로운 가전제품 시장이 하나 더 만들어진 것이다. 그러나 오랜 시간동안 미생물 연구를 통해 김치의 맛을 유지하는 노하우가 축적되어 온도 편차 없는 김치 냉장고의 품질을 초기에 따라잡기엔 역부족이었다. 이미 획득한 기술력으로 경쟁력을 확보하고 준비된 마케팅으로 브랜드를 선점한 이 기업은 지금까지 김치 냉장고 시장 점유율 1위를 지켜내고 있다. 마케팅 분야에서는 대기업을 이긴 대표적인 성공 사례의 하나로도 꼽히고 있을 정도이다.

지금 대한민국 김치 냉장고 판매량은 가구 수를 훌쩍 넘어섰다. 통계적으로는 적어도 집집마다 김치 냉장고를 한 대 이상씩 사용하고 있다는 이야기다. 도시의 가정에서는 말할 나위 없거니와 요즘은 농촌에서도 김치 냉장고를 2~3 대씩 사용하는 가정이 많이 있다. 그 놀라운 성능에 홀딱 반했기 때문일 것이다. 땅을 파고 커다란 김장 항아리를 묻는 일도 보통 일이 아니지만, 추운 겨울 날씨에 밖으로 나가 땅 속에 묻어놓은 항아리 뚜껑을 열고 김치를 꺼내는 일은 상당히 번거롭고 힘들고 귀찮은 일이다. 가뜩이나 할 일이 많아 하루가 짧은 농촌 주

부들에게 김치 냉장고는 도시의 주부들 이상으로 요긴한 선물이 될 수 있었을 것이다. 미생물 연구를 통해서 인류에게 유익한 새로운 제품을 만들어 기업의 정체성을 살린 좋은 예라고 볼 수 있다.

김치가 빠진 밥상은 상상할 수도 없는 것이 한국인의 식생활 습관이다. 맛있는 김치 한 가지만으로도 밥 한 공기를 뚝딱 비울 수 있는 게 바로 한국인이다. 김치의 종류도 다양하다. 배추김치, 열무김치, 총각김치, 갓김치, 파김치, 얼갈이김치, 부추김치, 오이소박이, 나박김치, 깍두기, 백김치, 동치미 등 그 종류가 너무 많아 일일이 나열할 수 없을 정도다. 식용 가능한 식물은 모두 김치를 담가 저장해서 먹을 수 있다. 식용 식물들로 김치를 담가서 저장하는 이유는 오래 보존해도 상하지 않고 맛이 있으며 영양이 풍부하기 때문이다. 어째서 이런 일이 가능할 수 있느냐. 미생물 덕분이다.

김치는 미생물의 보고라고 할 수 있다. 어느 미국의 저명한 식품 잡지에서는 김치를 세계 5대 건강식품으로 꼽았다. 한 때 사스(SARS)의 공포가 전 세계를 강타했다. 유독 우리나라만이 사스에서 비교적 안전지대였다. 한국인의 사스 발병률이 저조하자, 세계는 한국 사람들이 상식하는 김치에 대해 주목하기 시작했다. 김치의 어떤 성분이 안전을 지켜주는 것일까.

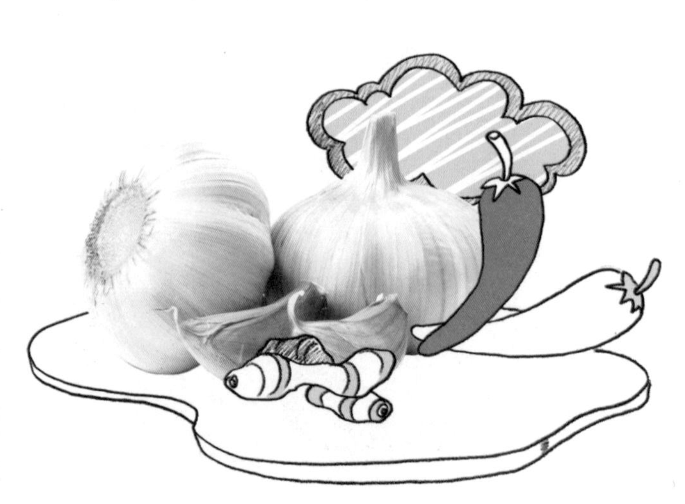

김치를 특별하게 해주는 것은 김치 유산균이다. 항균 능력이 뛰어난 마늘, 파, 생강, 고추, 소금 등의 가혹한 환경에서 자라나는

김치 유산균은 강인한 특성을 지니고 있다. 생명력과 번식력이 강하고 유해균 억제능력이 탁월하다. 물론 위에서 살아남아 대장까지 갈 수 있는 생명력이 강한 다른 종류의 유산균들도 월등히 많다. 그런데 김치 유산균이 사는 곳에는 건강에 해를 끼치는 잡균들이 살기가 유독 힘들다는 연구 결과가 있다. 김치 속에서 살아 숨 쉬는 김치 유산균은 우리민족의 억세고 끈질긴 기질과도 많이 닮아 있는 것 같다.

김치 한 조각을 먹으면 최소한 50억 마리 이상의 강인한 유산균을 먹게 된다. 김치유산균은 사람의 대장 내에서 정상적인 미생물의 분포를 유지시켜서 병원균을 억제하고 발암물질과 콜레스테롤 등을 흡수하여 체외로 배출시키는 역할도 한다. 최근에 밝혀진 바로는 김치 미생물 유전체에서 각종 병원균을 예방, 치료할 수 있는 물질을 생산하는 유전자 군이 발견되었다. 또한 김치유산균의 강력한 항생효과도 확인되었다.

김치 발효의 비법은 조상에게 물려받은 우리 민족의 소중한 재산이다. 김치의 세계화는 어쩌면 홍익인간의 이념을 간직해온 우리 민족의 인류에 대한 사명일지도 모른다. 과학적 접근을 통해 김치 미생물의 생육과 보존, 맛과 효능의 비결을 지속적으로 연구하고 다양화와 표준화, 저장과 유통의 효율적 체계를 갖춘다면 세계적 음식으로 거듭날 수 있을 것이다. 그날을 기대해 본다. 지금 전 세계는 김치의 맛과 효능에 놀라고 있다. 김치는 새로운 블루오션이다.

아, 대한민국! 미생물 대한민국.

시간을 견디는 세월의 흔적, 된장

가을에 수확한 햇콩을 하룻밤 물에 불린 뒤 가마솥에 푹 삶는다. 삶은 콩을 절구에 넣고 쿵쿵 절구질로 으깬다. 으깨진 콩을 어린아이 머리통만한 덩어리로 정성껏 주물러 빚는다. 2~3일간 은근히 말려 꾸덕꾸덕해지면 볏짚으로 엮어서 바람이 잘 통하는 처마 끝에 매달아 놓는다. 무엇을 만드는 과정일까? 음력 시월 즈음이 되면 입동 전후로 메주를 쑤어 말리는 과정이다. 뒤꼍 처마 끝에 매달린 메주는 자연바람 속에서 얼었다 녹았다를 반복하며 한해 겨울을 난다.

메주가 걸려 있는 시골집 처마는 참으로 정겹다. 절절 끓는 온돌방 아랫목이 그리워지기도 하고 그 방안에서 꾸덕하게 말라가며 방안을 가득 채우던 퀴퀴한 메주콩 냄새도 코끝에서 아련한 향수로 다가온다. 겨울에 시골 여행을 하다보면 지금도 어렵지 않게 볼 수 있는 낯익은 풍경이다.

처마 끝에 매달린 메주에는 봄을 기다리는 마음이 담겨 있다. 영하의 날씨 속에서도 서두르지 않고 천천히 봄을 준비한다. 산골짜기를 지나온 삭풍이 잠시 처마 끝에 앉으면 메주는 넉넉히 품을 열어 반갑게 바람을 맞이한다. 강줄기를 타고 벌판을 넘던 계절풍이 양지바른 마당을 가로질러 뒤꼍에서 잠시 쉬는 동안 메주는 그들과 속삭이며 은밀한 거래를 한다. 곁에 거꾸로 서 있던 고드름이 엿들어도 좋다. 기꺼이 자신을 내주며 봄을 기다린다. 기다림은 허비하는 시간이 아니다. 내면을 비우는 수행의 시간이며 새로움을 채워가는 숙성의 과정이다.

메주는 유용 미생물의 천연 보고이다. 엮어놓은 볏짚에서 메주로 옮겨온 미생물들은 신선한 자연바람을 호흡하며 건강하게 성장하고 번식한다. 이들은 각종 효소와 아밀라아제를 활발히 분비하며 메주의 숙성을 주도한다. 털곰팡이, 거미줄 곰팡이 등과 박테리아인 고초균이 이 아름다운 발효과정의 주인공들이다.

봄이다. 꽁꽁 얼었던 산천이 열리고 햇살이 따사롭다. 시골집 며느리가 분주해 진다. 장 담그는 날이다. 뒤꼍 처마에 매달아 놓았던 메주를 내린다. 겨우내 쌓였던 먼지와 표면에 피어난 곰팡이를 털어내고 잘 씻어 말린다. 미리 깨끗이 씻어 준비해놓은 항아리에 메주를 넣고 소금물을 붓는다. 참숯과 붉은 통고추를 띄우고 뚜껑을 덮는다. 간장이며 된장으로 거듭나기 위해 잘 발효된 메주의 새로운 여정이 시작되는 것이다.

숯이나 붉은 통고추는 잡균의 번식을 막고 나쁜 냄새를 제거한다. 고초균, 유산균, 효모 등 소금기에 잘 견디는 미생물이 간장을 숙성시킨다. 류코노스톡, 유산간균, 페티오코커스 등의 유산균과 곰팡이에 속하는 효모의 일종인 자이고사카로마이세스와 같은 미생물이 간장의 맛을 만들어 간다. 숙성이 되고 있는 것이다. 숙성이란 곧 미생물의 왕성한 활동 과정이라고 할 수 있다. 숙성이 끝나면 항아리 바닥에 가라앉은 메주를 꺼내 체로 걸러 다른 항아리에 넣고 새로운 발효와 숙성의 과정을 거친다. 된장이 만들어지는 것이다. 메주를 건져낸 간장은 미생물이 살아 있어 장기간 보관을 위해 살짝 끓이는 장달임의 과정을 거친다. 비로소 구수한 맛이 살아 있는 전통 간장이 완성된다.

가을에 수확한 콩으로 메주를 띄워 이듬해 봄 된장을 만들기까지, 만들어진 된장이 다시 발효와 숙성 과정을 거쳐 식탁에 올라올 때까지, 필요한 것은 인내의 시간이다. 미생물의 도움을 받아야 하기 때문이다. 미생물의 번식과 생육이 최상이 되도록 지원도 아끼지 않아야 한다. 바람이 잘 통하는 곳을 골라서 놓아두어야 하며 볕과 온도를 섬세하게 맞춰 주어야한다. 이렇게 인고의 세월을 보내고 나서야 영양이 풍부하고 유산균이 살아있는 맛있는 된장을 얻을 수 있다. 시간을 견디고, 사람의 정성이 깃들고, 미생물의 도움으로 풍성한 세월의 흔적이 담긴 음식, 된장. 풍부한 영양과 왕성한 유산균이 살아 있는 우리 된장은 세계 최고의 소스라고 할 수 있다. 게다가 된장에는 염증을 다스리는 능력도 있어 꾸준히 먹으면 우리 몸 속의 각종 염증을 찾아내 알아서 치료해주기도 한다. 옛날 어른들이 뱀에 물리거나 다친 곳에 다른 약이 아닌 된장을 바르던 것을 생각하면 그 지혜가 도대체 어떻게 비롯된 것인지 참으로 존경스럽기만 하다.

오랜 시간을 인내하며 미생물의 도움을 얻어 완성되는 대표적인 우리 식품은 된장 이외에도 얼마든지 많다. 청국장, 각종 젓갈, 김치, 삭힌 홍어, 과메기, 겨울 덕장에서 말린 황태 등 발효 노하우를 축적하여 얻은 다양한 먹거리들은 우리 민족의 미생물 활용 능력이 얼마나 탁월한지를 유감없이 보여준다. 우리는 세계 그 어느 나라보다도 식품 미생물 연구 개발에 유리한 역사와 환경을 갖추고 있는 것이다. 이러한 발효 음식들은 풍부한 영양과 유산균을 보유하고 있어 각종 질병의 예방과 치료에 그 효능이 뛰어나다. 의학의 미래에도 미생물은 혁혁한 공을 세우며 커다란 역할을 할 것이다. 미생물 전문가들에 위하면 미생물을 이용한 질병 치료는 부작용이 없고 정확한 효과를 기대할 수 있다고 한다. 국가적 차원의 투자와 연구를 통해 미생물의 특성과 활용에 관한 폭넓은 데이터베이스를 확보하고 배양과 활용의 노하우를 축적할 때이다.

식탁의 꽃 치즈와 불로장생의 꿈 요구르트

유럽 사람의 식탁에서 치즈는 우리의 김치처럼 빠질 수 없는 음식이다. 치즈는 서양의 대표적 발효 식품으로 알려져 있다. 서양인들은 치즈를 식탁의 꽃이라고도 부른다. 음식의 맛과 영양을 풍성하게 채워주기 때문이다. 최근에는 우리나라에서도 치즈 소비량이 많이 늘고 있다. 동네 슈퍼마켓에는 예전에는 볼 수 없었던 다양한 종류의 치즈가 잔뜩 진열되어 있다. 최근 우리 김치가 서양에서 건강 발효식품으로 알려지면서 서양 사람들의 식탁에도 종종 올라간다는 기사를 접한 적이 있다. 결국 동서양을 막론하고 발효식품이 사람의 건강 증진에 뛰어난 효능을 보인다는 것을 잘 알고 있기 때문일 것이다.

치즈도 미생물의 도움을 받아 만든다. 기원전 6,000년경 메소포타미아에서 치즈의 원형이라 할 수 있는 음식에 대한 기록이 있다. 발효 식품이 문명의 최초 기록에서 자주 나타나는 것은 대단히 자연스러운 일이다. 술과 마찬가지로, 미생물이 만들어 놓은 치즈를 인류가 우연히 발견하고 이를 활용했을 것이라는 추측이 가능하다. 유럽에서 번성한 치즈 문화는 중앙아시아의 유목 생활에서 만들어진 치즈가 그 기원이라고 한다. 기원이 중요한 것은 아니다. 기원이야 어떻든 인류의 건강한 식생활을 즐길 수 있는 것은 보이지 않는 곳에서 열심히 활동하고 있는 미생물의 힘이 아니겠는가.

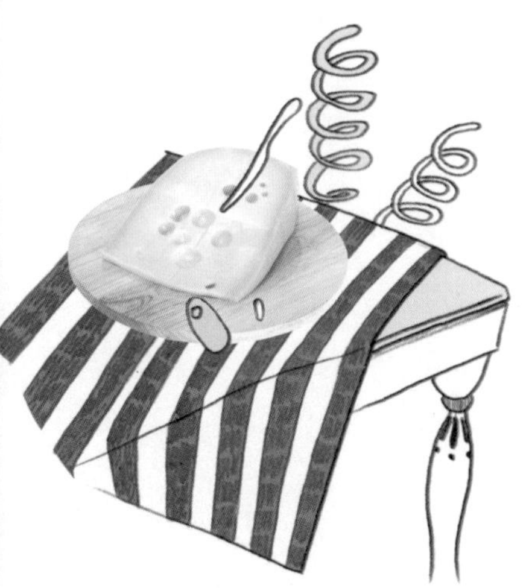

우유를 발효시켜 만드는 치즈는 발효 미생물의 종류에 따라 맛과 향, 색상과 모양

이 다양하게 나타난다. 숙성 과정에서 푸른곰팡이가 자라 치즈에 무늬를 만드는가 하면 가스의 발생으로 인해 구멍이 숭숭 뚫린 모양의 치즈가 생겨나기도 한다.

〈톰과 제리〉라는 미국 TV시리즈 만화가 오랫동안 인기를 끌며 방영되었던 시절이 있었다. 고양이 톰의 술수와 꾀 많은 생쥐 제리의 통쾌한 반전과 귀여운 캐릭터로 사랑받았던 만화 영화이다. 여기서 고양이 톰이 생쥐 제리를 유인하기 위해 자주 쓰던 수법이 있다. 바로 구멍이 숭숭 뚫린 치즈를 이용해 제리를 유혹하는 것이다.

치즈의 눈이라고도 불리는 숭숭 뚫린 구멍은 치즈의 독특한 시각적 개성을 만들어냈다. 마치 식품의 결함처럼 보이는 자연스런 구멍들은 오히려 입맛을 자극시켜 먹고 싶은 생각이 들게 만든다. 구멍이 숭숭 뚫린 이 치즈는 주로 스위스나 네덜란드 등에서 만들어진다. 오랜 세월동안 서양 사람들에게 식탁의 꽃으로 불리며 사랑 받아온 치즈는 맛과 향이 좋을 뿐 아니라 영양까지 풍부하다.

불가리아에는 장수 지역이 있다. 100세가 넘는 노인들이 많이 살고 있는데 이들이 즐겨 먹는 음식은 주로 감자와 요구르트이다. 여기에 텃밭에서 나오는 채소를 가리지 않고 곁들여 먹는다고 한다. 불가리아는 우리에게 요구르트 광고로 잘 알려진 나라다. 불가리아 사람들도 장수로 유명

한데, 그들의 장수 비결은 요구르트를 많이 마신다는 것이다. 요구르트가 장수 음식으로 주목받게 된 것은 1908년 러시아 미생물 학자 메치니코프가 〈인간의 장수〉라는 논문을 발표하면서부터다. 메치니코프는 이 논문에서 불가리아 사람들의 장수 비결은 요구르트를 많이 먹는 식습관이라고 강력하게 주장했다. 그 결과 메치니코프는 이 논문으로 노벨상을 수상했다.

불가리아 사람들은 다양한 방법을 통해 요구르트를 먹는다. 걸쭉한 요구르트를 물에 타서 음료처럼 먹는가 하면 오이, 토마토, 향채, 식물성 기름을 넣어 수프를 만들어 먹기도 한다. 요구르트를 잔뜩 뿌려 먹는 오이 샐러드와 종이처럼 얇게 민 반죽에 요구르트와 치즈를 넣어 구운 빵도 즐겨 먹는다. 여러 가지 재료에 요구르트를 넣어 먹는 요리법이 발달되어 있다. 요구르트를 많이 먹는다는 것은 미생물이 주는 혜택을 마음껏 누리고 있다는 의미가 된다.

요구르트는 우유를 유산균으로 발효시킨 것이다. 말하자면 살아있는 유산균의 천국이다. 우리나라에서도 요구르트는 다양한 요구르트 제품을 생산하는 기업들의 광고에 의해 그 효능이 널리 알려졌고 대중적 사랑을 받고 있다. 최근에는 웰빙 바람을 타고 가정에서 직접 요구르트를 만들어 먹는 사람들도 늘고 있다고 한다. 사 먹는 것에 비해 조금 번거로울 수는 있지만 만들기도 어렵지 않고 신선하고 안전한 요구르트를 먹을 수 있기 때문이다. 우리 몸에 좋은 우리의 우군 미생물은 각종 요구르트에서 다량으로 신선하게 만날 수 있다.

무공해 농사는 미생물에게 부탁해!

[천혜의 환경! 싱싱한 고랭지 배추로만 엄선! 우리 마을의 절임배추를 판매합니다. 낮에는 넉넉한 햇살을, 밤에는 차가운 이슬을 머금은 배추. 한 잎 한 잎을 헤아리며 보살핀 농부의 사랑이 듬뿍 담긴 건강하고 싱싱한 배추입니다.

10월 초순이면 하얗게 내리는 서리를 이겨내며 얼었다 녹았다를 되풀이하는 배추는 김치를 담갔을 때 무르지 않고 씹었을 때 매우 아삭하고 싱싱한 질감을 느끼실 수 있습니다. 지역적 특성상 벌레나 병균의 침투가 거의 없어 약을 칠 필요는 없었으나 올해는 잦은 이상 기후로 병충해 예방의 필요성을 느껴 광합성균과 고초균 등의 미생물을 활용하여 병충해를 이겨내고 키운 배추입니다.

절임은 천일염만을 사용합니다. 산골의 청정한 물로 씻어 보내드리오니 별도의 세척 작업 없이 양념을 넣고 버무리기만 하면 됩니다.]

위의 내용은 강원도의 어느 산골에서 배추 농사를 짓는 분이 자신의 블로그에 올려놓은 배추 판매용 글이다. 이 글은 직접 농사를 짓고 중간 유통단계 없이 소비자에게 직접 판매하는 광고 형식을 빌려온 직거래 호소문 정도라고 할 수 있을 것이다. 인터넷의 발달로 등장한 개인 블로그는 이상적인 직거래를 가능하게 만들었다. 소비자는 좋은 제품을 저렴하게 직접 구

입할 수 있고, 여러 단계의 유통 마진을 주지 않아도 되는 생산자는 자신이 흘린 땀의 값어치를 충분히 보상 받을 수 있을 것이다. 물론 상거래의 부가가치 발생에 대한 정당한 세금 납부 문제가 해결되어야겠지만 말이다.

물질적 풍요로움으로 우리는 환경과 건강을 돌아볼 수 있게 되었다. 4대강 사업의 환경 파괴 문제가 사회의 큰 이슈가 되고 있으며 농약이 살포된 과일에 대해 어느 때보다 민감한 시대가 되었다. 물질적 풍요는 다이어트라는 새로운 유행거리를 만들었다. 물론 골칫거리이기도 하다. 살을 빼기 위해 닭가슴살만 먹고 사는 사람들이 수도 없이 늘어났다. 그런가하면 육류 섭취를 죄악시하는 채식주의자들도 점차 늘어나고 있다. 건강한 삶에 대한 개념이 대중적으로 새롭게 자리를 잡고 있는 것이다. 시대가 변하고 있다. 대량생산으로 풍요를 구가하던 시대는 어느덧 시간의 기억 속으로 사라져갔다. 인간과 환경의 본질적 구원이 지구촌의 화두로 떠오르고 있다. 두 말 할 나위 없이 인간과 환경은 떼려야 뗄 수 없는 관계다.

산업혁명 이후 급속히 파괴된 환경은 인류 생존을 위협하고 있다. 인류는 아직도 파괴된 환경을 방치하거나 자행되는 환경 파괴를 두고 볼 수 밖에 없는 무지하고 안일한 상태에 있었다. 그러나 상처에 새 살이 돋듯 여기저기서 환경을 살리자는 목소리가 커지기 시작하고 환경에 대한 연구가 활발해 지기 시작했다. 환경은 곧 인간의 건강과 밀접한 연관을 맺고 있으며, 이는 나아가 인류의 생존에 대한 문제이기 때문이다. 국가 간에 각종 환경 협약이 이루어지고 이산화탄소 배출에 관한 논의가 구체화 되고 있는 것이 당연한 현상이다.

산업혁명 이후의 인류는 앞만 보고 달려 왔다. 21세기는 앞만 보고 달려가는 인류에게 옐로우 카드를 꺼내들었다. 오존층의 파괴로 지구 대기 온도는 점점 상승하고 있다. 내성 강한 새로운 바이러스의 출현으로 전 세계가 공포에 떨기도 하고 환경호르몬의 영향은 어느덧 생활 깊숙이 침투해 새로운 질병의 원인이 되고 있다. 더 이상은 안 된다는 강력한 경고를 21세기가 보내고 있다. 우리는 그 경고를 기민하게 알아차리지 않으면 잔인한 종말을 맞이하게 될 것이다.

블로그 덕분에 볼 수 있었던 어느 시골 농부의 절임배추 판매 광고문은 나에게 많은 생각을 하게 해준다. 대량생산 대량유통은 지난 반세기동안 우리나라를 지배하고 있는 산업 구조였으며 농약을 사용하여 농작물을 재배하는 것은 별로 이상한 일이 아니었다. 지극히 당연했다. 나라의 경제가 중요했고 개인의 건강은 무시되던 시대였다. 고속도로를 뚫었으니 화물을 가득 싫은 화물차가 달려야 했다. 농약의 남발로 하천이 오염되어도 벼와 배추가 튼실하게 성장하기만 하면 뭐라고 말하는 사람이 없었다. 그러나 지금은 시대가 바뀌고 있다.

사람들은 무공해 유기농만을 찾고 있으며 대량생산보다는 소량생산의 안전함을 믿고 이해하고 있다. 물질의 풍요로움 속에서 건강의 소중함을 챙기는 여유가 생겼으며 똑똑하고 윤리적인 소비자로 탈바꿈 하고 있다. 국가도 기업도 사고의 패러다임을 바꿔야 할 때가 온 것이다. 건강한 식량 생산의 방법을 찾아야 한다. 환경을 생각하고 사람의 건강을 생각하는 획기적 방법을 찾아내야만 한다. 21세기형 농업 혁명이라고 불리울 만한 혁명적 바이오 기술을 개발해야 한다. 화학 비료를 대체하고 농약을 대신할 수 있으며 식물의 생장을 자연스럽게 촉진시킬 수 있는 농업 기술을 개발해야 한다.

이미 오래전부터 연구되어온 바이오 농법은 다양한 실험을 거치면서

발전해 왔다. 선진국에서는 미생물을 통한 농업 혁명을 차세대 산업으로 규정짓고 있는 것이다. 우리나라 지자체에서도 부분적인 투자를 통해 연구를 지원해 온 분야이기도 하다. 농업 종사자들도 관심이 높아 지역의 연구 기관과 협력해서 여러 가지 미생물 실험을 통한 새로운 가능성을 타진하고 있다.

농업 분야에서 미생물의 활용은 어마어마한 블루오션이다. 21세기 농업 혁명은 미생물로부터 시작될 것이라고 나는 확신한다. 인류가 살아가야 할 지구의 환경과 건강한 삶을 누릴 인간의 권리는 인류가 당장 해결해야 할 과제로 떠올랐기 때문이다. 미생물 연구와 활용에 있어서 우리나라는 아직 초보단계를 벗어나지 못하고 있다. 정부의 적극적 지원과 기업의 과감한 연구개발 투자를 통해 선진국을 따라잡아야 한다. 우리의 열정과 두뇌면 충분히 가능하다. 미생물 연구를 통한 원천기술 확보는 기업의 미래이고 국가의 경쟁력이다. 우물쭈물 하다가 너무 늦지 않기를 바랄 뿐이다.

광합성균과 고초균을 이용해 배추를 재배하고 인터넷을 활용하여 직거래로 판매하는 시골 농부의 모습은 사실 안쓰럽다. 그러나 거기에 희망이 있다. 무공해 농사는 이제 미생물에게 부탁하자. 미생물이 미래 농업의 거울이 될 것이다.

번쩍! 미생물 전기 주식회사

에디슨이 백열전구를 발명한 것이 130여 년 전이다. 그로부터 지금까지 인류가 이루어 놓은 과학문명의 업적은 이루 말할 수 없이 경이롭다. 수도꼭지를 돌리면 집집마다 뜨거운 물이 콸콸 쏟아져 나오고 빨래거리는 세탁기에 넣어 버튼 몇 개만 조작하면 말끔하게 세탁하여 건조까지 되어 나온다. 사람들은 주머니에 스마트폰을 넣고 다니며 언제 어디서나 전화를 걸고 인터넷을 항해하며 게임을 하고 시간을 보낸다. 안방에 앉아 버튼만 누르면 필요한 프로그램을 원하는 시간에 골라서 볼 수 있는 디지털TV 시대가 열렸으며 입체 영상 기술의 발달로 3D TV 마저 가능해졌다. 미래 세계에 와서 생활하는 것 같은 생각이 든다. 전기자동차의 상용화로 화석연료를 사용하지 않고도 자동차가 굴러갈 수 있게 되었다. 자동차를 타고 강변도로를 지나다보면 형형색색의 화려한 조명으로 치장하고 한강의 야경을 뽐내는 다리들을 감상하게 된다. 세상은 생각의 속도보다 빠르게 발전하고 있다. 그리고 그 발전의 중심에는 전기가 있다. 전기는 물과 공기처럼 우리의 삶에 존재감 없이 살아 있다.

전기는 기술이 아니다. 우주에 존재하고 있는 지극히 자연적 현상이다. 천둥과 번개는 하늘의 계시로 떨어지는 전기적 현상이며 문을 열기 위해 자동차 열쇠를 꽂을 때 찌릿한 현상이 생기는 것도 전기적 현상이다. 기원전 6세기경 그리스의 아테네 여인들은 호박 원석으로 장식한 목걸이를 하고 다녔는데 이 호박에 먼지가 잘 달라붙어 번거로웠다고 한다. 호박은 서로 비비면 전기가 발생하는 성질을 지니고 있다. 걸을 때 마다 호박 장식이 흔들려 옷과 마찰을 일으켰고, 이 마찰로 인해 생기는 정전기가 먼지를 달라붙게 했던 것이다. 그러나 당시에는 이러한 전기적 현상을 이해 할 수 없었다. 이해할 수 없는 이상한 성질을 지닌 호박을 그리스 사람들은 일렉트론이라고 불렀다. 일렉트론은 오늘날 전기를 뜻하는 일렉트릭시티의 어원이 되었다.

그러나 정작 인류는 전기를 필요로 하게 되었고, 전기를 만들기 위해 지구환경을 파괴하는 방법을 선택했다. 화석연료를 사용하여 전기를 만들게 된 것이다. 화석연료를 태울 때 발생하는 열에너지를 전기에너지로 바꾸는 이 방법은 빠른 속도로 인류 문명의 가속화에 박차를 가하기는 했으나 지구환경의 오염과 인류 생존의 위협이라는 돌이키기 힘든 부작용을 낳았다. 탄소 발생으로 인해 오존층이 파괴되고 빙산이 녹아 해수면이 높아져 육지 면적이 좁아지는 등 거대한 재앙으로 인류를 위협하고 있다. 가까운 미래에는 화석 연료도 고갈될 것이다. 현대 문명은 화석연료의 기반위에 세워진 불완전한 구조로 되어 있다.

화석연료를 대체할 수 있는 에너지를 찾아야 한다. 이미 많은 사람들이 이에 공감하고 연구에 연구를 거듭하고 있다. 풍력에너지가 널리 퍼지고 있으며 태양열을 이용한 에너지 연구에도 박차를 가하고 있다. 물을 이용한 수소에너지도 개발 되고 있으며 각종 재생에너지 연구도 활발하게 이루어지고 있다. 최근에는 미생물을 이용한 에너지가 새로운 대체 에너지로 떠오르고 있다. 미생물이 에너지를 만든다는 이야기다. 인류가 소를 이용해 밭을 갈아 농사를 짓고 우유를 얻듯 미생물을 이용해 에너지를 얻을 수 있다는 것이다.

미생물이 전기를 만든다는 것은 상상이 안 되는 일이다. 그러나 미생물의 능력은 우리의 상상을 초월한다. 아이에게 엄마는 전지전능한 능력이 있듯 지구의 엄마인 미생물도 상상을 초월하는 다양한 능력을 가지고 있는 것이다. 최근 미생물의 화학적 분해 능력을 이용하여 전기를 만드는 연구가 초보단계에서 활발하게 진행되고 있다. 수소에너지를 얻기 위해 물에서 수소를 추출하는 과정에도 미생물을 이용하는 방법이 개발되었다. 미생물을 이용한 수소에너지 자동차 상용화도 곧 이루어질 전망이다. 미생물전기 발전소. 인류가 미생물과 협력하여 쾌적하고 아름다운 지구를 만드는 모습을 상상하게 된다. 듣기만 해도 기분이 좋아진다.

미생물 건축학 개론

[미생물을 이용한 건축기술이 개발되어 국내 건축 기술 도약의 새로운 전기가 될 것으로 기대됩니다. 국내 유수 건설사인 모 건설사에서는 미생물을 이용하여 콘크리트 양생기간은 대폭 줄이고 강도는 높일 수 있는 건축 기술을 개발하였습니다. 이는 공사 기간을 줄여 비용을 절감할 수 있을 뿐만 아니라 보다 튼튼한 건축물을 지을 수 있다는 점에서 획기적 기술로 평가받고 있습니다. 또한 원천기술의 보유로 부가가치 창출을 기대하고 있습니다.]

미생물을 이용한 건축 공법에 관한 기사다. TV 뉴스

를 시청하던 중 뉴스의 첫 머리 단어가 미생물이어서 관심을 가지고 보게 되었다. 상기된 표정과 목소리로 마이크를 잡은 현장기자가 또박또박 기사를 전달하는 도중 화면은 콘크리트 거푸집을 거두어 내는 장면을 보여주고 있었다. 기자는 미생물이 콘크리트를 더욱 강도 있게 만들어주고 공사 기간까지 단축시킬 수 있다는 사실에 놀란 듯 했다. 현장기자의 보도가 끝나자 스튜디오의 앵커도 놀라운 사실이라고 시청자들에게 전했다. 사실 그리 놀랄만한 일은 아닐지도 모른다. 이미 우리나라뿐만 아니라 전 세계 적으로 미생물을 활용한 건축공법 연구가 활발하게 진행되고 있고 그 연구 성과가 속속 알려지고 있다.

각종 건축 재료 및 시멘트에는 독성이 있다. 인테리어 마감재에 사용하는 각종 접착제에도 인체에 치명적 해를 주는 독성이 있다. 이 독성들은 현대인들에게 각종 아토피 질환과 호흡기 질환을 가져다주었다. 거주 공간을 떠도는 여러 가지 독성과 접촉하면서 생기는 질환이다. 이 질환의 시작은 그리 오래되지 않았다. 흙과 돌로 만들던 집을 시멘트와 철골로 만들고, 천연 원료 접착제를 사용하다가 화학 접착제를 사용하여 건축물을 만들기 시작하면서 부터이다. 그리고 그 집에서 살던 1세대의 자손들인 2세대가 나타나면서 아토피 질환이 유행병처럼 퍼지기 시작했다. 체질적 질환으로 유전된 것이라고 볼 수 있다.

이러한 질환들은 현대 의학으로도 쉽게 치료가 되지 않는 난치 질환으로 분류되어 있다. 그리고 그들은 식 하우스 증후군(Sick House Syndrom)에 시달리며 살아가고 있다. 치료되기가 쉽지 않은 환경에서 살고 있다는 뜻이다. 사람들은 아직도 그 원인을 분명하게 찾고 있지 못하고 있다. 증거가 불충분 하다는 이유로 눈에 뻔히 보이는 화학적 환경을 아직도 자각하지 못하고 있기 때문이다. 환경론자들만이 이 질환의 원인을 화학적 주거 환경이라고 주장하고 있는 현실이다. 이 질환을 앓고 있는 이들이 시골 황토 집에 살면서 자연

친화적 삶으로 바꾸자 오래가지 않아 질환이 사라지는 사례가 속속 나타나면서 그 원인을 유추해 볼 뿐이었다. 이러한 질환들을 식 하우스 신드롬이라 명명하게 된 것이다. 우리나라에서는 새집증후군이라고 부르기도 한다.

21세기 선진국형 주거 문화는 친환경적으로 바뀌고 있다. 이제 시작되는 초기단계이기는 하지만 환영할 만한 일이다. 문명을 다시 옛날로 돌릴 수는 없지만 환경을 자연친화적으로 바꿀 수 있는 기술은 얼마든지 개발이 가능하다. 미생물이 그 기술에 대한 해답을 제시해 줄 것이다.

우리나라 건설업계는 경제 성장 속도와 그 궤를 같이 하며 눈부시게 성장했다. 세계 각국의 초고층 빌딩을 성공적으로 시공했거나 하고 있으며 그 기술적 가치도 높게 평가받고 있다. 우리민족의 뛰어난 역량이 각 분야에서 폭넓게 발휘되고 있는 것처럼 건설 분야에서도 반짝이고 있는 것이다. 건축은 종합 예술 분야라고 한다. 철학, 미학, 공학 등 사상과 예술과 학문의 실체적 결합의 총체라고 할 수 있기 때문이다. 인간이 생활하는 공간으로서의 건축물은 시대별 공간별로 매우 다양한 조건을 요구하고 요구 조건은 끊임없이 변화한다. 현대의 건축기술은 그 요구 조건을 여러 가지 방법으로 적극 수용하고 발전시켜왔다. 변화를 따라가는 것은 한 발 늦는 일이다. 변화를 예측하고 대응하는 적극적 사고와 행동이 필요하다. 우리민족의 뛰어난 역량은 적극적 사고와 도전적 실천력으로 발휘되어 왔다.

미생물은 건축분야를 획기적으로 변화시킬 것이다. 건축의 소재에서부터 건축 공정에 이르기까지, 건축물의 관리에서부터 폐기까지 건축물에 관한 모든 분야에 미생물이 활용된 혁신적 개념의 건축 공법이 생겨날 것이다.

상상해 보라. 미생물에 의해 각종 독소 및 환경호르몬이 제거된, 미생물에 의해 강도 높고 튼튼한, 미생물에 의해 안전한 공간을! 미생물에 의해 각종 쓰레기는 자체적으로 완전하게 폐기되고, 미생물에 의해 식수와 공기까지 정화

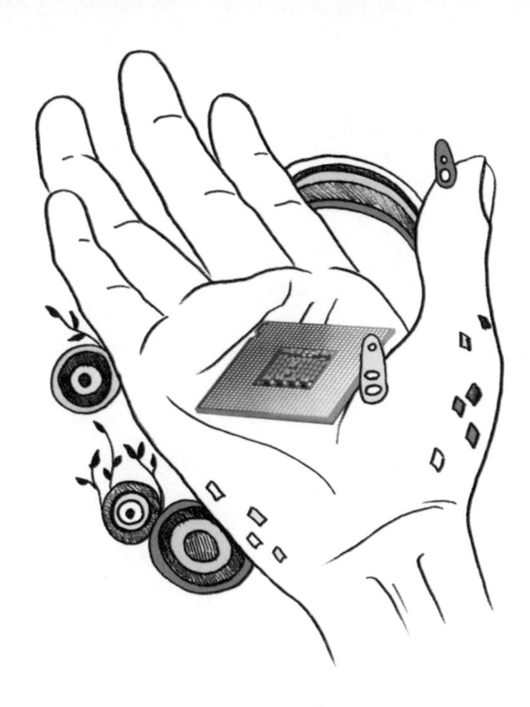

되는 미생물 건축 시스템을! 미생물 활용 시멘트를 사용하여 독성이 제거된 제방 건축으로 수질이 좋아져 환경이 살아난 하천! 미생물을 활용하여 단단하고 탄력 있는 성질로 바뀐 흙으로 아스팔트를 대체한 도로 등 상상하는 모든 것이 건축 분야에서 이루어 질 수 있다. 미생물의 능력이야말로 전지전능하지 않은가.

미생물 건축은 튼튼한 건축, 아름다운 건축, 깨끗한 건축, 환경 친화적 건축 등 인간을 위한 최고의 건축 환경을 제공해 줄 것이다. 미생물 건축이야말로 미래형 첨단 건축이다. 미생물 건축기술을 보유하고 있다면 미래형 첨단 기업이 되는 것이다. 변화를 예측하고 대응하는 적극적 사고로 미생물 건축 연구 개발에 투자해야 한다. 최고의 경제적 부가가치는 물론 최고의 명예까지 가져다 줄 것이다. 물론 최근 관심을 갖고 미생물 건축 연구 개발을 추진하고 있는 기업과 개인이 늘어나고 있다. 국가 차원에서 더욱 박차를 가하고 과감한 투자가 필요하다. 미생물 건축은 급물살을 타고 빠르게 성장할 것이다.

패션 디자이너 미생물

21세기라는 시간적 공간에서 의식주를 해결하며 살아가는 동안 우리는 수 없이 많은 21세기적 욕망과 만나게 된다. 벽걸이 슬림 TV를 구입했는데 3D 입체형 TV 런칭 광고를 보게 되면 곧바로 새로운 욕심이 고개를 쳐든다. 빨리 바꾸고 싶다고 생각하면서도 자신의 조급증을 질책하게 된다. 빠르다는 3G 타입 스마트폰을 최신형으로 구입했는데 몇 배나 더 빠른 더 최신형 LTE 스마트폰이 출시 됐다는 소식을 접했을 때는 자신에게 화를 낼 수도 없어 빠르게 변하는 디지털 세상을 탓하게도 된다. 이처럼 너무 고가라서 어쩔 수 없이 얼리어답터 스타일의 욕망을 꾹 눌러두어야 되는 일도 있지만, 기능성 발열 내의 광고를 보면 유난히 추웠던 지난 겨울을 떠올리며 당장 사 입어야겠다는 생각이 들기도 한다.

TV와 스마트폰은 우리나라 브랜드가 세계 시장에서 최고의 자리에 우뚝 서 있다. 품질과 가격 면에서도 우수한 경쟁력을 확보하고 있다. 세계가 놀라며 주목하고 있다. 동방의 작은 나라에서 이룬 놀라운 기적은 결코 우연하게 저절로 얻어진 것이 아니다. 머지않아 다가올 21세기 미래 사회를 예측하고 선택과 집중의 노련한 경영능력으로 거대 자본을 투자하여 이루어낸 당연한 결과인 것이다.

불가능하다는 반도체 개발에 사운을 걸고 거대 자본을 투자하여 세계가 놀랄 만큼 빠르게 기술력을 성장시켜 나간 삼성의 반도체 스토리는 감동을 뛰어넘어 오늘 우리 기업이 무엇을 생각하고 어떻게 행동해야 할 것인가를 가르쳐 주고 있다. 반도체 기술은 디지털 세상의 기초 기술이다. 원자재 생산 기술, 자원 개발 기술인 것이다. 땅속 자원이 없는 우리나라가 자원 보유국의 지위를 확보 할 수 있는 구체적 방법을 제시해 준 모델이기도 하다. 반도체 개발에서 시작한 기술력은 지금 현재 다양한 분야의 성장을 주도해 왔다. 우리나라 경제 성장을 주도하고 있는 것이다.

포스트 디지털은 어떤 세상일까. 디지털 이후 우리나라의 경제를 이끌어갈 자원은 무엇일까. 우리는 끊임없이 예측하고 대응해야 한다. 현재의 작은 성공에 머물러 있을 수만은 없는 것이다. 최근 세계를 주름잡던 일본 기업들이 휘청거리며 큰 어려움을 겪고 있다. 도산하여 이미 사라진 기업도 있다. 변화의 흐름을 읽지 못하고 성장에 안주하여 시장은 언제나 자기편이라는 착각에 빠져 있었기 때문이라는 평가가 지배적이다. 불과 몇 년 사이에 일어난 일이다. 디지털 발전 속도만큼이나 세상도 빠르게 변한다. 급변하는 세상에서 무엇을 생각하고 어떻게 예측하고 대응할 것인가. 아무도 정답을 가르쳐주지 않는다. 정답은 없다. 사람이 사는 세상은 사람에 의해 사람을 위해 사람이 만들어가기 때문이다.

지금 지구촌의 화두는 환경이다. 사람과 동물이 살 수 있는 지구환경은 지난 세기동안 사람과 동물이 살기 힘든 지경으로 파괴되어 온 것이다. 환경의 파괴는 인류의 존속을 위협할 정도까지 왔다. 이제 다시 사람이 살 수 있는 환경을 만들자는 운동이 지구촌 곳곳에서 일어나고 있다. 선진국 정부의 친환경 선언을 통한 각종 규약과 규제는 이미 세계 경제의 한 축을 이루고 있다.

고온의 광물에서도 살아남은 슈퍼 미생물을 연구하여 세계 최초의 물질을 개발한, 국내 한 벤처기업의 성공적 경영 사례가 있다. 광물 속 휴면 미생물을 발효를 통해 활성화시키는 기술을 개발한 것이다. 이 미생물 활성화 기술로 만든 발효 물질은 발열, 탈취, 항균, 습도조절 등 친환경적 고기능 에너지 작용을 한다. 이 물질을 섬유와 결합했다. 이 물질과 결합한 융합 섬유는 옷이나 이불 형태로 입거나 덮고 있어도 적혈구가 활성화되고 피가 맑아지는 등 인체 건강에 도움을 준다고 한다. 또한 자동 온도 조절 효과, 땀 흡수 및 배출 기능, 탈취 기능 등 기능성 섬유 시장에서 독보적 위치를 확보할 수 있는 세계 최고의 기능성 섬유로 인정받고 있다.

2009년 세계 최초 퀀텀에너지 발산물질 발명특허, 2011년 국제 화장품원료 사전 등재, 융합섬유 개발로 2010년 스위스 제네바 신기술 및 신제품 발명대회 금상 수상 등을 거듭하며 인정받은 기술력을 바탕으로 세계 섬유시장에 도전한 이 기업은 세계 기능성 섬유시장에 성공적으로 발을 딛게 되었다. 이 융합 섬유 원단은 높은 가격의 로열티를 받고 중국과 일본 등지에 수출하고 있다.

값싸고 편리한 화학 섬유에 밀려 오래전에 자리를 빼앗긴 면 섬유 시장은 친환경 분위기와 맞물려 전환점을 맞고 있다. 면 섬유 시장을 획기적으로 전환할 수 있는 기술 개발에 주력한 이 기업은 국제 섬유 시장의 변화를 예측하고 원천 기술 확보를 위한 과감한 투자와 연구개발에 노

력을 아끼지 않았던 것이다. 미래형 원천 기술로 무궁한 자원을 확보하게 된 이 기업의 미래는 밝다.

미생물 산업, 즉 바이오 기술 산업의 미래의 규모는 예측할 수 없을 정도로 크다. 산업의 각 분야에서 어떻게 활용하고 어떻게 접목하느냐에 따라 기업이 변하고 세상이 변한다. 섬유 산업은 사람의 생활에 필수적 요소인 의식주의 첫 번째인 의(衣)에 해당하는 생필품 산업이다. 패션은 예술적 가치와 기술적 가치가 결합되어 문화적 상징성이 담겨 있는 인류의 영원한 고부가가치 산업이다. 섬유산업과 패션 산업은 생활의 근본 줄기를 이룬다. 새로운 미생물 바이오 기술이 접목된다면 디지털 산업을 능가하는 분야로 성장할 수 있는 가능성은 충분하다.

국내 연구팀에 의해 개발에 성공한 미생물을 이용한 천연 염료를 생산하는 기술에서도 미생물 산업의 성장 가능성을 엿볼 수 있다. 청바지의 대표적 옷감인 데님의 염색 재료인 인디고를 미생물로부터 추출하여 대량 생산하는 기술을 개발한 것이다. 본래 식물로부터 추출한 인디고는 대량 생산의 난점을 극복하지 못했다. 저장 기간이 짧아 유통이 원활하지 못하기 때문에 천연 인디고는 가격이 높다. 그러므로 일부 고가의 청바지 원단에만 제한적으로 사용되어 왔다. 일반적으로 데님에 사용하는 인디고는 화학적 방법을 통해 합성한 염료를 사용해왔다. 화학 염료는 독성물질로 인한 인체 피해와 환경오염을 유발한다. 친환경적 세상에서 화학염료는 점차 사라져 갈 것이다. 미생물 염료는 대량 생산의 기술로 뛰어난 품질과 가격 경쟁력을 갖추었을 뿐만 아니라 인체에 무해하고 환경 오염에서 자유롭다. 원천 기술은 자원이다. 미생물 염료 원천 기술은 패션 산업의 한 분야로서 개척 영역이 넓고 다양하다. 무궁무진한 시장을 확보하고 있어 성장 가능성이 높은 분야인 것이다.

미생물을 이용한 인디고의 대량 생산 기술은 섬유 염색 분야가 환경과 조화를 이루며 성장할 수 있는 가능성을 보여준다. 미생물 염료의 상용화는 더욱 다양한 형태로 발전할 것이다. 미생물의 특성을 활용한 다양한 기술은 패션 산업의 정점에서 새로운 패션 문화를 탄생시킬 것이며 그것은 아름다운 지구 환경을 보존하고 인류의 문화사에 새로운 족적을 남기게 될 것이다. 이 정도면 미생물도 고급 패션 디자이너 아닌가.

4장

인간의 생명을 지배하는 미생물

미생물이 유전자를 조작한다

가끔 이런 생각을 한다. 인간은 처음에 어떻게 생겨났을까. 태초에 하나님이 천지를 창조하시고 닷새 동안 만물을 창조 하신 후 여섯째 날 하나님의 형상을 따라 사람을 창조하셨을까? 타임머신을 타고 태초의 여섯째 날로 가 볼 수가 없으니 도무지 알 수 없는 일이지만 종교적 믿음으로 결론 내린다면, 그것으로 더 이상의 논의는 가치가 없을 것이다. 그러나 종교적 차원과는 관계없이 인간의 지적 호기심은 스스로 탐구정신을 발현시키고 생명의 기원에 관한 수많은 이론과 가설을 세우며 발전시켜 왔다. 18세기 다윈으로부터 시작된 진화이론은 21세기에 이르러 인체의 유전자 지도까지 완성하는 단계에 도달했다. 각종 동식물의 유전자 지도가 만들어지고 인간의 신체에 살고 있는 미생물 전체의 유전자 정보까지 해독하는 성과를 거두었다. 물론 이러한 성과들로 인간의 기원을 속 시원히 정확하게 밝힐 수는 없지만 과학적 추론을 통해 점차 진실에 가깝게 다가갈 수는 있을 것이다.

인류는 만물의 영장으로서 지상의 모든 생명체의 위에 군림해 왔다고 생각했다. 피라미드 모양 먹이사슬의 맨 꼭대기에서 도구를 들고 직립해 있는 그림을 본 적이 있을 것이다. 과연 그럴까? 예를 하나 들어보자. 인간은 음식을 먹고 스스로 완전하게 소화시킬 수 있는 능력이 없다. 인간의 장 안에 살고 있는 미생물의 도움을 일정 부분 받아야만 인체는

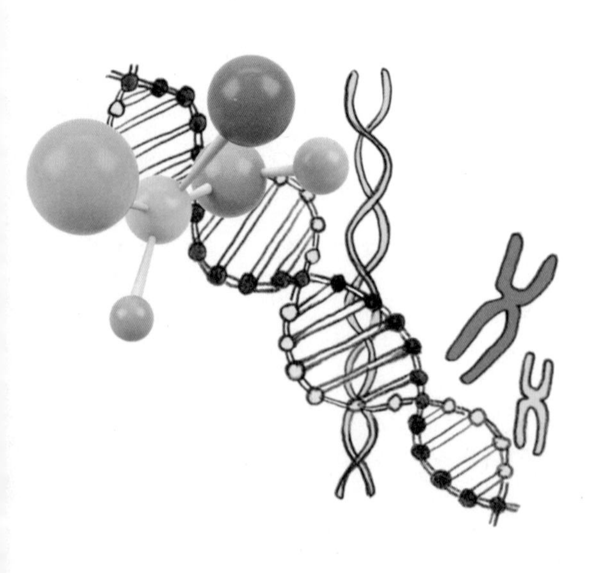

음식물을 소화시키고 영양소를 체내에 흡수 할 수 있는 것이다. 인간의 신체에는 수많은 미생물이 살고 있으며 이들과 자연스럽게 서로 협력하며 살고 있다. 미생물의 도움 없이는 생존이 불가능한 허약한 동물이다. 인류는 모든 생명체의 위에서 군림할 것이 아니라 그들과 어깨를 나란히 하고 서로 협력하고 존중하며 겸손하게 살아야 한다. 모든 동식물과 서로를 위한 생태계를 유지하며 삶을 살아가야 한다는 이야기다. 특히 미생물은 생태계를 구성하는 매우 중요한 요소이다.

인간의 몸속에 살고 있는 미생물 전체의 유전자 정보 데이터베이스에 의하면 인체 내의 미생물은 1만여 종에 달하며, 유전자만 해도 800만 개에 이른다. 인간이 보유한 유전자의 360배에 이르는 수치이다. 미생물 세포의 숫자 또한 인간 세포의 약 10배에 달한다고 한다. 인간은 결코 완전히 독립된 존재가 아니다. 인간은 수많은 미생물이 살아가는 하나의 생태계로서 존재하는 것이다. 어떻게 이럴 수 있을까. 이러한 셈법으로 우리 몸을 생각하노라면 그만 끔찍해지고 만다. 피부는 털 대신에 미생물로 뒤덮여 있고 내장에는 미생물들이 우글거리고 숨을 쉴 때마다 미생물을 들이마신다. 길을 걷다 마주치는 사람은 사람이 아니고 미생물 덩어리다. 그렇다. 그동안 착각을 하며 살아도 이만저만이 아니었다.

오래전 어느 날, 산소로 호흡하는 박테리아가 우리 몸에 사는 세포의 문을 두드렸다. 날 좀 받아줄 수 있겠소? 세포는 박테리아를 정중히 모시고 살 방까지 마련해 준다. 보금자리를 제공받은 박테리아는 세포 속에서 밥값을 하기 시작한다. 세포가 섭취한 영양분을 효율적으로 분해하며 에너지를 만들어 주는 노동을 성실히 하는 것이다. 세포는 박테리아가 살 방을 하나 내주고 큰 힘을 얻었다. 박테리아도 안전하게 자신을 보호하고 복제하며 거주할 수 있는 안전한 보금자리를 얻게 된 것이다. 세포와 박테리아는 서로 완벽한 파트너라고 인식했다. 서로 간에 눈이 맞고 신뢰가 쌓인 것이다. 우리는 이제 한 몸입니다. 이 한 몸이 바로 진핵세포의 호흡을 담당하는 세포내 소기관인 미토콘드리아이다.

이 미토콘드리아처럼 미생물은 오래전부터 우리 몸의 일부를 차지하고 있는 친구였다. 우리가 친절하게 맞이하면 미생물은 그 은혜를 저버리지 않는다. 그들이 살 수 있는 공간을 제공해주는 대가로 인체의 곳곳에서 자신의 일을 찾아내 최선을 다해 열심히 활동을 한다. 우리가 친절하게 맞이한 만큼 인체 내에서 그 이상의 위력을 발휘하며 일을 한다. 충분한 밥값을 하는 것이다. 21세기 과학은 미생물과 인체의 관계를 입체적이며 다각도로 관찰하고 있다. 그 가운데서도 유전자를 조작하고 제어할 수 있는 능력을 키워왔다. 미생물과의 대화가 얼마든지 가능해 졌다는 이야기다. 그러니 미생물의 유전자를 조작해서 특별한 임무를 수행할 수 있도록 부탁할 수 있다는 생각이 든다. 부탁이어야 한다. 명령이거나 강제 노역은 안 된다.

태초에 하나님이 닷새 동안 만물을 만들고 여섯째 날에 인간을 만든 것은 만물을 돌보고 만물과 친구가 되며 만물을 위해 존재하라는 뜻이 아니었을까? 하나님이 당신의 형상으로 인간을 창조한 이유도, 하나님 당신이 낮은 곳에서 만물을 섬기는 마음으로 살아가시는 분이라서 그런 것이 아닐까? 인류 스스로 발현시켜 탐구해온 생명의 비밀은 밝혀지면 밝혀질수록 인간의 역할에 대한 성찰을 불러일으킨다. 어쩌면 과학을 통한 진실의 저 너머에 우리가 실천해야 할 큰 깨달음이 기다리고 있을지도 모르겠다.

괴물 미생물, 슈퍼 박테리아

2006년, 한 편의 영화가 떠들썩하게 화제를 모으며 개봉한다. 단숨에 관객 수 1,300만 명을 돌파하고 국내 영화사상 최다 관객 수를 기록한 봉준호 감독의 '괴물'이다. 미군이 몰래 버린 화학폐기물이 한강으로 흘러들어가 바이러스에 의한 변이로 정체를 알 수 없는 괴물이 자라난다. 한강을 생활 터전으로 어렵게 살아가고 있는 한 가족이 이 괴물과 맞닥뜨리고 사투를 벌인다.

이 영화에서 괴물은 다분히 상징적이다. 화학 폐기물을 몰래 버리는 미군, 사실을 은폐하고 무력을 사용하는 권력, 가족들 간의 마음속에서 자라고 있던 불신 등이 모두 괴물인 셈이다. 한강에서 자라난 돌연변이 괴물은 영화 속 상징으로서 그 모든 괴물들이 형상화 된 괴물이다. 영화는 가족의 중심이었던 아버지의 죽음을 통해 불신이라는 괴물을 물리치고 마침내 한강에 등장한 돌연변이 괴물을 해치우며 해피엔딩(?)으로 끝난다.

영화에 등장한 괴물은 사라졌지만, 우리 주변에는 얼마든지 상징적 의미의 괴물들이 자라나고 있다고 나는 본다. 폐렴 환자 사망률이 지난 십년 사이에 급격히 늘어나고 있다. 폐렴은 세균과 바이러스, 곰팡이 등에 의한 감염으로 발생하는 폐의 염증이다. 백신의 개발로 감염률과 발병률이 줄어들면서 폐렴은 인간에게 더 이상 무서운 질병이 아니었다. 그러나 최근 21세기로 접어들면서 폐렴으로 인한 사망률이 급증하고 있다. 급기야 한국인 사망 원인 10위권 안으로 진입했다는

사실이다. 가볍게 생각했던 폐렴이 이제는 무서운 질병이 되어 다시 돌아온 것이다.

폐렴 환자가 증가하는 이유는 크게 세 가지 정도로 꼽는다. 항생제의 내성이 증가하는 것을 그 첫 번째로 꼽는다. 기존 항생제에 내성이 생겨 폐렴균이 더욱 강력해진 것이다. 실제로 임상에서 분리된 폐렴구균의 30~50%는 슈퍼박테리아라고 한다. 두 번째는 만성질환자의 증가다. 암 환자는 물론 당뇨병이나 폐질환, 심혈관질환 같은 만성질환자가 계속 늘고 있다. 이들은 건강한 사람에 비해 면역력이 떨어지기 때문에 폐렴균에 감염될 확률이 훨씬 높다. 세 번째는 고령 인구의 증가다. 노인들은 만성질환을 앓고 있지 않더라도 기본적으로 면역력이 저하되어 있다. 당연히 젊은 사람보다 폐렴에 걸리기도 쉽고 치료 효율도 낮기 때문에 젊은이에 비해 노인의 폐렴 발생률은 월등히 높다.

플레밍은 1945년 노벨상을 탄 스코틀랜드 출신의 세균학자이다. 플레밍에 의해 1928년 발견된 페니실린으로 수많은 인류의 목숨을 앗아간 폐렴은 지구상에서 사라져가는 질환으로 생각되었다. 실제로 페니실린은 대량생산화 된 이후 수백만의 목숨을 살린 대표적 항생제이다. 이후 페니실린은 마치 만병통치약처럼 사용하게 된다. 말하자면 항생제 시대가 열린 것이다. 유사 페니실린의 개발로 다양한 종류의 항생제도 개발되었

다. 각종 세균성 질환에 맞춤형 항생제가 개발되면서 질병의 치료도 한결 쉽게 되는 듯 했던 것이다. 그러나 새로운 부작용이 나타나기 시작했다. 항생제는 인체에 유익한 미생물까지도 죽이는 결과를 가져왔다. 뿐만 아니라 항생제에 내성을 지닌 슈퍼 박테리아가 등장한 것이다. 슈퍼 박테리아는 무엇인가. 바로 괴물이다.

지금까지 인간은 자연과 싸우며 살아왔다. 자연을 이기려고만 하며 살아온 것이다. 인간이 자연을 싸워 이겨야만 하는 대상으로 생각하면 자연도 인간을 적으로 간주하고 마찬가지로 싸워 이기려고 할 것이 분명하다. 봉준호 감독의 영화 '괴물'은 인간에 대한 엄중한 경고장을 날린다. 화학 폐기물은 바이러스의 변이를 통해 거대한 괴물을 만들어 인간을 공포에 떨게 만든다. 인간이 그 무엇을 만들더라도 자연은 그것을 뛰어넘을 수 있는 능력을 지니고 있다는 것을 스크린을 통해 보여준다. 자연의 능력은 완벽한 시스템을 이미 갖추고 있는 것이다.

슈퍼 박테리아의 등장은 영화 터미네이터의 마지막 장면을 떠올리게 만든다.

"I'll be back!"

이 한마디를 남기고 사라져간 터미네이터는 속편에서 더욱 강력한 사이보그로 진화되어 나타난다. 항생제를 통한 치료는 이제 그 종말이 다가오고 있다. 백신도 더 이상 효과를 보지 못하는 사례까지 속속 나타나고 있다. 항생제쯤은 충분히 견딜 수 있는 힘을 가진 진화된 슈퍼 박테리아가 속속 출현하고 있는 것이다. 이제 인간의 질병은 자연 속에서 예방과 치료법을 찾아야 한다.

폐렴, 콜레라, 이질, 파상풍, 홍역, 감기, 에이즈, 말라리아, 수면병, 무좀 등 대부분의 질병은 세균과 바이러스 등에 의한 감염이 주요 원인이다. 각종 정신질환, 암, 당뇨 등도 감염 등 미생물에 의해 발병한다는 사실이 밝혀지고 있다. 결국 대부분 질병의 원인은 미생물이라는 것이다. 미생물이 인간을 괴롭히고 있는 것이다. 미생물이 인간을 괴롭히는 원인은 무엇일까. 인간이 미생물을 적으로 생각하기 때문이다. 나는 미생물과 친구가 된다면 더 이상 미생물은 인간을 괴롭히지 않을 것이라고 생각한다. 인간이 미생물과 친구가 될 마음만 갖는다면, 미생물의 세계를 폭 넓게 이해하고 그들과의 관계를 잘 만들어 간다면, 인간은 질병의 고통에서 해방 될 수 있을 것이다. 다행히도 현대 과학은 미생물과의 공생의 길을 모색하는 방향으로 가고 있다. 괴물이 화염에 휩싸여 죽는 영화의 마지막 장면에서 나는 통쾌한 기분 보다는 씁쓸한 마음이 생겨난다. 어쩌면 우리는 이미 알고 있는지도 모르겠다. 인간이 만든 외로운 괴물의 실체를.

아이 면역 키우려면 흙에서 놀아야

TV가 없던 시절. 아이들은 학교에서 돌아오기가 무섭게 가방을 툇마루에 던져 놓고 대문 밖으로 뛰어 나간다. 학교 다녀오기가 무섭게 어딜 또 나가니! 엄마가 아이에게 큰소리치면 아이는 못들은 척 뒤돌아보지도 않고 냉큼 집 밖으로 나선다. 딱지치기, 구슬치기, 다방구, 숨바꼭질, 땅따먹기, 잣치기, 말타기, 고무줄놀이, 오징어놀이, 닭싸움 등 아이에게는 친구들과 할 수 있는 수많은 놀이들이 기다리고 있다. 동네에는 공터가 많아서 아이들이 놀 수 있는 공간도 흔했다. 공터는 동네 아이들의 훌륭한 놀이터였다. 미끄럼틀도 그네도 철봉도 없이 그저 텅빈 공터에서 아이들은 오래전부터 전해 내려온 놀이만으로 해가 기우는 줄도 모르고 신나게 논다. 공터로 뛰어간 아이는 벌써 나와서 기다리고 있는 아이들과 만나 무슨 놀이를 할까 잠시 옥신각신 하다가 곧 합의를 보고는 놀이에 흠뻑 빠져든다.

공터에는 흙바닥이 있어야 했다. 흙이 없는 공터는 놀이터가 아니었다. 손으로 땅에 조그만 구멍을 파서 일정한 거리에 금을 긋고 구슬을 던져 구멍에 넣는 구슬치기는 흙바닥이 없으면 할 수 없는 놀이였다. 어떤 놀이든 땅에 금을 그을 때도 나무 막대기 하나면 쉽게 금을 긋고 손으로 쓱쓱 지울 수가 있었다. 커다란 사각형을 긋고, 모서리 부분에 자기 영역을 한 뼘 돌린 만큼 그린 다음 그곳으로부터 엄지 손가락만한 납작한 돌을 손가락으로 세 번 튕겨 무사히 자기 영역으로 돌아와 돌이 지나간 자리에 금을 그어 영역을 넓혀가는 놀이는 땅따먹기다. 흙을 쌓아 놓고 막대기를 꼽은 다음 돌아가며 막대기를 쓰러뜨리지 않고 흙을 제거하는 놀이도 있다. 흙을 잔뜩 모아 굴을 파는 흙장난도 많이 했다. 뛰어 놀다가 넘어져도 손바닥만 툭툭 털면 되는 흙이 있는 땅. 아이들은 흙에서 자랐다. 흙에서 경쟁하는 법을 배우고, 흙에서 규칙을 배웠다. 흙에서 자연과 친해졌고 흙에서 건강한 체력을 길렀다.

흙은 자연의 어머니다. 인류는 흙을 기반으로 살아왔다. 흙이 널린 그 땅에서 아이들은 자신들도 모르는 사이에 건강한 신체와 건강한 정신에 필요한 많은 것들을 공급 받으며 성장해온 것이다. 흙은 미생물의 보고이다. 건강한 흙에는 인체에 유익한 미생물이 많이 살고 있다. 아이들은 유익한 미생물이 살아 있는 땅에서 미생물과 만나며 미생물에게 알게 모르게 도움을 받고 있었던 것이다. 선천적으로 면역이 약했던 아이들도 흙이 많은 땅에서 미생물과 만나 면역을 키워나갔던 것이다. 추위를 모르던 아이들은 사계절을 땅에서 보내는 시간 동안 수많은 종의 미생물과 친해지며 아직 면역에 취약한 신체를 튼튼하게 만들었다. 놀이에 빠져 있는 동안 사실은 자연적인 면역 기능을 제 스스로 키우고 있었던 것이다.

그 시절에는 아토피라는 질환 따위는 이름도 모르고 살았다. 언제부턴가 아토피성 질환을 앓고 있는 아이들이 부쩍 늘어났다. 지금도 증가 추세다. 아토피는 선진국 형 질환이다. 깨끗한 환경에서 자란 아이들이 걸리는 질환인 것이다. 요즘 도시 아이들은 땅을 밟고 살기가 어렵다. 땅의 소중함에 대해서도 알 수가 없다. 땅에서 놀지 않고 집에서 논다. 여럿이 놀지 않고 혼자서 논다. 부모들조차도 그 사실에 무관심 한 것 같다. 깨끗하고 청결한 환경을 우선시한다. 아이들은 친절한 미생물을 만날 기회를 상실했다. 유익한 미생물과 만날 수 없는 아이들의 몸은 면역력이 떨어질 수밖에 없는 것이다. 아토피는 면역체계와 관계가 깊은 질환이다. 현대의 의학으로도 아토피 치료법은 나오지 않았다. 아토피뿐만이 아니다. 현대인들은 각종 면역성 난치 질환에 시달리고 있다. 자연 면역이 갈수록 저하되고 있는 환경에 살고 있기 때문이다.

우리 몸에서 가장 많은 미생물이 살고 있는 곳은 대장이다. 수십조의 미생물이 살고 있다. 대장 내에서 우글거리는 이 미생물들은 우리의 생명을 유지하는 데 중요한 기능을 담당하는 소중한 존재다. 장내 미생물은 인체 스스로 만들지 못하는 비타민 B1, B2, B6, B12 등과 같은 꼭 필요한 성분도 만들어준다. 장내 염증을 억제하는 화합물 등의 유익한 물질도 만들어주며 탄수화물과 지방 등 각종 영양분의 흡수도 장내 미생물의 도움을 받는다. 장내의 유익

미생물이 부족하게 되면 면역질환, 비만, 태아 성장 등에 큰 영향을 미치게 된다. 각종 알레르기성 질환은 장내 미생물의 균형이 깨지면서 생기는 것으로 밝혀지고 있다. 면역 세포의 작용은 세포내의 효소에 의해 이루어지는데 면역 효소가 활발하게 생산되면 면역력이 높아지게 된다. 미생물은 면역에 필요한 효소를 만드는데 혁혁한 공을 세우고 있다. 연구를 통해 밝혀지고 있는 인체 내 미생물의 영향력은 아직도 빙산의 일각에 불과하다. 면역은 인체가 스스로 가지고 있는 자연적인 방어 시스템이다. 미생물은 이 방어 시스템을 지켜주고 도와주는 역할을 수행한다.

면역력이 약해지면 각종 질병이 찾아온다. 도시 환경을 개선해야 한다. 유익한 미생물이 살 수 있는 도시 환경으로 만들어야 한다. 도시에서도 유익한 미생물을 만날 수 있도록 자연 친화적인 환경으로 탈바꿈되어야 한다. 비 온 후의 땅이 질척하고 불편하다고 무턱대고 시멘트로 땅을 덮어버리는 것도 생각해 봐야 할 일이다. 아파트의 땅은 모조리 화단을 만들어 사람을 통제하고 있고, 동네 아이들 놀이터의 땅은 화학 합성 매트로 덮여 있다. 아이들은 땅을 밟고 놀아야 한다. 흙을 먹고 자라야 한다. 시골 아이들이 건강한 이유가 여기에 있다.

암, 미생물로 정복한다

강원도 첩첩 산골. 적막한 새벽 풍경 속에서 가느다란 한 줄기 연기가 피어오른다. 봉화에 불을 피워 신호를 보내듯 피어오른 연기가 하늘 어름에서 서성거리면 태양의 붉은 기운이 산천을 뒤덮으며 기지개를 편다. 툇마루에 앉아 아침상을 앞에 두고 마주 앉은 중년 부부는 신선한 아침 바람에 마음이 가볍다. 도란도란 소담한 이야기가 오가는 소박한 밥상에는 시래기 국과 시래기 무침, 몇 가지 나물 무침, 묵은 김치, 된장이 반찬으로 올라 있다.

부지런한 아내는 동트기 전부터 일어나 뒷산 기슭 작은 샘에서 물을 길어와 밥을 짓고 반찬을 만든다. 겨우내 처마에 널어 말린 시래기며 산나물을 오늘 먹을 양 만큼 꺼내어 국과 무침을 만들고 텃밭이며 논에서 직접 재배한 각종 곡물을 섞어 밥을 지었다. 남편은 어둠을 딛고 새벽 기운을 마시며 뒷산에 올라 가벼운 운동으로 아침을 맞는다. 텃밭에 들러 퇴비를 뿌리고 흙을 일구다 보면 아침 식사하시라는 아내의 따뜻한 음성이 들린다. 어느덧 해는 산머리 위에 성큼 올라와 있다. 부부가 이렇게 맞는 아침 밥상이니 어찌 맛이 없을 수 있으랴. 삼십여 년을 함께 살아온 산골 부부의 하루는 이렇게 시작된다.

아침상을 물리고 산책길에 나선다. 두 사람 걸음걸이 사이로 지나는 봄바람이 따뜻하다. 노란 봄꽃들이 불쑥불쑥 고개를 내밀고 인사한다. 나무들 색이 짙어진다. 겨우내 얼어 있던 땅이 살아 움직이고 있다는 증거다. 한 시간 여 아침 산책에서 돌아오면 아내는 설거지다 빨래다 집안일에 다시 분주해 진다. 남편은 다시 텃밭으로 나가 봄을 일군다. 쉬엄쉬엄 일해도 밭일은 쉽지 않은 일이다. 허리를 펴고 목에 두른 수건을 펴서 귀 밑으로 흘러내린 땀을 닦는다. 챙 넓은 밀짚모자를 벗고 잠시 그늘막에 앉았다. 머리에도 땀이 송글송글 맺혀 있다. 머리에 맺힌 땀을 털어냈다. 어느덧 머리카락이 많이 자랐다.

도시에서의 삶은 완전히 달랐다. 도시의 하루는 전투하듯 정신없이 빠르게 지나간다. 힘겹게 일어나 재빠르게 차려입고 뭘 먹었는지도 모르게 먹는 둥 마는 둥 아침식사를 마치면 하루가 시작 되었다. 꽉 막히는 길에서 시계 분침은 빠르게 돌아가고 출근 도장을 찍고 나면 오전 회의다, 팀별 미팅이다, 거래처 약속이다, 분주한 오전은 속사포 몇 번 날리면 끝나버린다. 빈자리 없는 식당에서 줄서서 기다리다 겨우 먹는 점심식사는 인공 감미료로 맛만 차린 김치찌개. 천천히 꼭꼭 씹을 틈도, 맛을 느낄 틈도 없이 오후 일을 하기 위한 에너지를 얻으려고 의무적으로 먹는 점심밥이다. 남편은 지난 도시 생활이 먼 옛날처럼 느껴졌다. 텃밭 끝에 서 있는 소나무 그림자는 아직도 서쪽으로 길게 누워 있다.

아내가 손수 담근 막걸리 한 사발과 두부 한 모, 된장에 무친 봄나물 한 접시를 가져와 펼쳐 놓는다. 가벼운 새참이다. 남편은 흙 묻은 손을 툭툭 털고 막걸리 사발을 들어 목을 축인다. 입안을 가득 채운 봄나물 향이 싱그럽다. 도시생활을 등지고 산골로 들어와 살며 맞이하는 세 번째 봄이다. 어느덧 투박한 봄나물 맛에도 익숙해져 있다.

산골 생활 삼 년 동안 아내는 모든 요리의 재료를 직접 만들어 조리할 수 있는 능력을 습득했다. 특히 된장과 두부와 막걸리는 손이 많이 가는 음식이다. 숙련된 기술과 정성이 있어야만 영양이 듬뿍 담긴 제 맛을 낼 수 있는 고난도의 음식인 것이다. 여기저기 물어보고 스스로 만들어 보며 많은 시행착오 끝에 습득한 능력일 것이다. 인간은 환경에 잘 적응하며 살 수 있도록 프로그래밍 되어 있는 존재다. 산골 마을에 들어와 살아야 하는 운명을 기꺼이 받아들인 아내는 스스로 빠르게 적응해야 한다는 생각에 노력을 게을리 하지 않았던 것이다.

아내와 함께 쉬엄쉬엄 두어 시간, 밭일을 더 했다. 몸으로 하는 노동의 가치는 땀으로 보상 받는다. 땀을 흘리고 나면 기분이 상쾌해진다. 상쾌한 기분으로 노래 한 자락 흥얼거리며 집으로 돌아온다. 텃밭 사이로 난 흙길에는 정오에 터진 햇살이 은가루처럼 뿌려져 반짝이고 있다. 저 아래 마을 어귀로 부터 동네 아낙네들의 웃음소리가 들려온다. 오늘은 좋은 소식이 들려올 것만 같다.

따뜻한 아랫목에 누워 짧게 자는 낮잠은 보약과도 같다. 오전 일과에 소모된 에너지를 가볍게 충전시켜준다. 남편은 아내의 낮잠을 깨우지 않는다. 조용히 일어나 부엌으로 들어간 남편은 점심 식사 준비를 한다. 봄동, 된장, 마늘, 김치, 곰취, 버섯, 두부 등을 넣고 만든 음식들로 간단하게 밥상을 차린다. 아내는 오전에 점심 찬거리를 모두 만들어 놓았다. 하나같이 싱싱하다. 왕성한 생명력이 느껴질 정도로 살아 있는 음식들이다.

계절별로 조금씩 차이가 있지만 지난 삼년동안 밥상은 장류 등 전통 발효 음식과 채식 위주로 차려졌다. 남편에게 이러한 식단은 밥상의 혁명이자 입맛의 혁신이었다. 대중의 입맛과 취향에 꼭 맞게 조리된 포장 음식과 인공 감미료를 사용해 조리된 음식으로 오랫동안 길들여져 왔기 때문이다. 이러한 도시형 식단은 수입산 채소와 수입산 육류, 팔팔 끓이는 조리법, 화학 감미료, 대량생산으로 만들어진 포장음식 등으로 꾸며져 있다. 생존에 필요한 영양은 담겨 있으나 건강에 필요한 생명력이 결여된 음식인 것이다. 영양과 에너지는 공급 받으나 생명력과 활력은 빼앗기는 음식이다. 산골 생활 삼년동안 남편은 몸속에서 끔틀꿈틀 살아 움직이는 생명력을 느꼈다. 면역력이 증가하고 활력이 생기는 것을 몸소 체험하고 있었던 것이다.

남편은 항암치료를 하던 중 삼년 전 산골로 들어와 점차 항암치료 횟수를 줄이고 자연 치료법으로 완전히 전환했다. 자신의 암세포가 얼마나 자라나고 퍼졌는지 얼마나 줄었는지 지금은 알 수가 없다. 알 필요도 없다. 그러나 지금은 머리카락이 다시 자라나고 일을 할 수 있는 힘도 생겼다. 선고받은 시간보다 삼 년째 더 살고 있으며 나날이 생기가 더해진다. 남편은 생각했다. 새롭게 다시 주어진 삶이다. 먼 길을 돌아서 왔다. 고향의 품으로 돌아 왔다. 대자연은 인간의 고향인 것이다. 인간의 참된 삶이란 자연과 어울려 자연의 순리에 맞게 조화로운 삶을 사는 것이다. 남편은 차린 밥상을 툇마루에 놓고 아내가 단잠을 자고 있는 방으로 들어갔다.

봄이 지휘하는 산골의 오후는 분주하다. 땅빛이 짙어지고 나무 껍질에 물이 오른다. 키 낮은 풀꽃들이 여기저기 불쑥불쑥 피어나고 동면에서 깨어난 각종 동식물들이 기지개를 펴며 튀어나오는 소리들이 가득하다. 겨우내 얼었던 계곡물이 졸졸졸 경쾌하게 흐르는 소리, 겨우내 뜸했던 여행객들이 두런두런 지나가는 소리, 여기저기 짝 찾아 먹이 찾아 퍼드득 퍼드득 소란스런 새들의 날개 짓 소리가 흥겹기만 하다.

부부도 분주한 시간을 보내게 된다. 아내는 집 구석구석을 드러내고 털고 닦는다. 봄맞이 대청소다. 남편은 창고에 모셔 두었던 반듯반듯한 목재들을 꺼냈다. 며칠 전에 그려놓은 설계도를 토대로 마당에 앉혀 놓을 평상을 만들기 위해서다. 자로 재고 톱으로 썰고 못을 박는 일은 집중도가 높았다. 손재

주가 없다고 스스로 포기했던 많은 일들이 산골에서는 가능했다. 재미도 쏠쏠했다. 뭔가 하나 만들고 나서 찾아오는 성취감은 직장생활에서 얻는 보람과는 전혀 다른 매력이 있었다. 이렇게 만들고 남은 목재는 잘게 잘라 아궁이에 넣는 불쏘시개로 쓴다. 여기저기 흩어진 톱밥도 쓸어 담아 퇴비와 함께 섞어 밭에 뿌리면 좋은 거름이 된다. 무엇 하나도 버릴 게 없다.

멀리서 오토바이 엔진 소리가 뱉은 기침 소리마냥 날아왔다. 남편은 마당에 서서 허리를 펴고 잠시 봄이 연주하는 산천을 둘러본다. 소리를 찾아 고개를 돌리는 동안 어느새 오토바이는 집 앞에서 멈추고 있다. 늘 웃는 표정으로 가끔씩 들려주는 우체부 청년이다. 등기로 배달된 우편물 위에 시원한 웃음의 여운을 얹어 남편의 손에 쥐어주고 청년은 왔던 길을 따라 다시 돌아갔다.

며칠 전 아내와 함께 병원을 찾아 정밀 검사를 받았다. 검사결과는 우편으로 보내달라고 부탁했었다. 병원에서 보내온 우편물인 것이다. 남편은 우편물을 아내에게 주었다. 병원에 가서 검사를 받아 보자고 한 것도 아내였다. 남편은 좋아진 몸 상태로 미루어 보건데 검사 받을 필요가 없다고 다소 완강한 태도를 보였으나, 아내는 남편의 상태를 정확히 확인하고 싶었다. 우편물을 받아든 아내는 상기된 표정으로 봉투를 개봉했다. 남편은 결과를 직접 확인하고 싶지 않았다. 암세포가 사라졌든 남아있든 별로 중요하지 않았기 때문이다. 이렇게 사는 게 마음에 든다. 하루하루의 삶에 충실하고 만족할 뿐이다. 남편은 마당으로 돌아와 평상 만드는 일에 집중했다. 톱질 작업은 가장 시간이 많이 걸리는 힘든 작업이다. 준비해 놓은 목재 위에 연필로 그어놓은 선들이 아직도 수두룩하게 남아 있었다.

남편이 평상 다리 부분을 톱으로 잘라내며 힐끗 돌아보니 아내가 툇마루 위에 서서 자신을 바라보고 있다. 뭔가 할 애기가 많은 표정. 왈칵 목젖이 뜨거워 졌다. 아내와 지냈던 지난 세월의 표정들이 남편의 가슴속을 쓸고 지나갔다. 남편의 투병생활을 위해 헌신한 아내의 지난 시간들은 남편의 가슴 속에서 애틋한 감정으로 살아 있었던 것이다. 아내가 마당으로 내려왔다. 톱을 든 남편의 손을 아내는 두 손으로 가만히 잡는다. 아내가 남편에게 담담한 표정으로 말했다.

"여보, 더 이상 암세포가 보이지 않는대요."

언젠가 TV에서 방영된 이야기이다. 산골에 살며 암을 극복한 사례인데 내 나름대로 소설처럼 재구성하느라 좀 길어졌다. 자연 속에서 살아가는 부부의 삶을 흙내음, 꽃내음 나도록 설명하고 싶었는데, 혹시 내가 뒤늦게 소설가로 변신하는 건 아닌가 모르겠다.

우리는 암을 극복한 사례들을 각종 미디어를 통해 심심찮게 만나게 된다. 병원에서 명의를 만나 착실히 항암치료를 받고 극복한 사례부터 강원도 두메산골로 들어가 자연의 도움으로 암을 극복한 사례까지 다양한 방식의 치료 과정들을 자세히 소개하는 사례들을 보면서 우리는 심심치 않게 기적 같은 일들과 만나게 된다. 특히 병원이나 항암제의 도움 없이 자연 치료를 해서 불치병으로 알려진 암을 이겨낸 사실은 그야말로 기적이 아닐 수 없다. 어떻게 병원에서 조차 치료하기 힘든 암을 단순한 자연 생활을 하며 이겨낼 수가 있을까. 자연에는 무엇이 있는가. 나무도

있고 바람도 있고 물도 있고 각종 식물들이 있다. 거기에는 또 무엇이 있는가. 바로 축복과도 같은 미생물들이 쏟아지고 흐르고 펼쳐져 있다는 사실을 우리는 기억해야 한다. 자연은 인간의 고향이자 어머니의 품이다. 자연은 생명의 기원으로부터 함께해온 좋은 미생물이 풍성하게 살아 있는 자연 치료제이자 돈 안 드는 병원이다.

사람의 몸 안팎도 미생물로 뒤덮여 있다. 인체에 거주하고 있는 미생물은 인간의 생명을 유지하고 건강을 지켜주는 결정적 역할을 한다. 현대 과학은 미생물이 인체에 관여하고 있는 사실 규명을 위해 이제 겨우 한 발짝 내딛었을 뿐이다. 미생물이 암을 극복 할 수 있게 해준 결정적 역할을 했다고 과학적으로 정확하게 이야기 할 수는 없다. 과학은 증명이 필요한 학문이기 때문이다. 그러나 과학은 가설을 세우고 치열한 연구를 통해 증명을 해나가는 과정이다. 현재 전 세계 곳곳에서 미생물의 의학적 힘을 연구하여 실용화하는 경쟁이 이미 치열하다.

자연 속에는 우리가 알지 못하는 수많은 미생물이 살고 있다. 자연의 품에 살면서 수없이 많은 미생물과 함께 공동생활을 하는 동안 아직 발견되지 않은, 그러나 실제 존재하는 미생물들에게 도움을 받으면 어떠한 병도 치료될 수 있을 것이라고 믿는다. 독단적인 신념도 맹목적인 믿음도 아니다. 아니 맹목적인 믿음이어도 좋다. 1%의 샘플은 99%를 예측 가능하게 만든다. 현대 과학은 미생물의 세계에 1% 정도 다가섰을 뿐이다. 그러나 99%의 미생물 세계를 추론할 수 있게 되었다.

정상세포는 건드리지 않고 특정 암세포만 선별해서 죽이는 바이러스가 최근에 유전자 조작을 통해 만들어졌다. 이 바이러스는 암환자의 몸속에 들어가 암 종양만을 찾아내 감염시키는 방식으로 암세포를 죽인다. 이러한 방법은 오래전부터 연구되어왔다. 이와 유사한 기술들이 세계 곳곳에서 연구되고 있으며 다양한 형태의 미생물 연구를 통해 암을 정복하려는 노력들이 진행되고 있다. 이러한 미생물 이용 의료 산업은 새로운 기술 혁명으로 자리 잡을 것이다. 그러나 유전자 조작이 주는 부작용은 아직까지도 해결해야 할 문제로 남아 있다. 인간이 유전자 조작을 통해 자연을 통제하고 조절하는 것은 결국 되돌아오는 화살처럼 치명적인 위험 요소를 내포하고 있다.

우리 민족에게는 조상에게 물려받은 위대한 유산이 있다. 아름답고 깨끗한 자연, 자연과 조화롭게 살아온 맑은 정신, 미생물과 대화하며 즐겨온 발효 음식 등이 그것이다. 우리는 여러 모로 미생물 연구에 최적의 조건을 갖추고 있는 민족이다. 암을 치료할 수 있는 미생물은 대자연 속에 펄펄 살아 우리를 기다리고 있다.

첩첩산중 산골 마을에서 생활하며 암을 극복한 부부의 사례에서 미생물과의 조우를 생각해 본다. 이 부부는 부지런히 미생물이 잘 살아갈 수 있는 환경을 그들에게 만들어준다. 메주, 시래기, 김치, 막걸리, 된장 등은 모두 미생물이 좋아하는 환경이다. 부지런히 미생물이 살아갈 집을 제공하는 것이다. 그리고 그 대가로 시래기, 봄나물, 묵은 김치, 된장찌개, 막걸리, 두부, 버섯 등 자연에서 생육되어 몸에 좋은 미생물이 왕성하게 살아 있는 음식들을 얻어 섭취하며 생활한다. 몸속으로 들어온 미생물들은 각각 자신들만의 특기를 살려 다양한 역할을 수행하는 것이다.

간단한 예를 들자면, 채식은 장내 미생물의 활동을 왕성하게 만든다. 장내 미생물의 개체수가 늘어나면 면역력이 높아진다. 면역은 암세포의 성장을 억제하고 죽이는 인체의 자기 방어 시스템이다. 하물며 미생물이 왕성하게 살아 있는 자연 발효 음식을 먹는다면 그 효과가 어떠하겠는가.

시골 부부는 새벽부터 저녁까지 미생물과 함께 살아간다. 눈에 보이지는 않지만 산소가 풍부한 환경에서 나무와 풀과 흙에 서식하는 미생물들과 접촉하며 하루하루를 지낸다. 머리부터 발끝까지, 피부에서부터 내장 깊은 곳까지 모두 미생물의 혜택을 충분히 누리는 삶을 살고 있는 것이다. 미생물은 자연히 부부의 건강을 도와줄 수밖에 없다. 부부도 미생물의 건강을 돕기 때문이다. 시골 부부와 미생물은 서로의 건강한 삶을 위해 저절로 공생하고 있다.

암을 치료하는 미생물에 관한 학술적 연구는 초기단계인데도 불구하고 많은 진전을 보이고 있다. 여기서 전문적 이야기를 하자면 끝이 없다. 미생물의 원리를 알아 인간의 진리를 깨우쳐야 한다. 이제 암 치료는 미생물과의 사랑에 달려 있다.

5장

미생물이 미래다

미래 사회의 주인공은 미생물

지금까지 나는 반복적으로 미생물의 위력을 강조했다. 왜 강조했느냐. 미생물은 우리 주위에 도처에 널려 있는데다가, 그 능력이 상상을 초월한다. 그러나 무엇보다 가장 중요한 것은 이 미생물이 바로 인간의 미래 사회를 이끌어갈 주축이라는 확신 때문이다. 미생물은 어디에나 있다. 눈으로 볼 수 없을 만큼 작은 생명체인 미생물이 우리 주위에 도대체 얼마나 살아가고 있을까? 어린아이의 새끼손톱만한 흙 1그램 속에 수억 마리의 미생물이 살고 있다. 사람의 몸은 약 100조 개 정도의 세포로 구성되어 있는데, 체내에는 그 보다 훨씬 많은 수백 조 이상의 미생물이 함께 살아가고 있다. 이렇듯 인간과 미생물은 불가분의 관계이다.

무엇보다 미생물의 놀라운 위력은 어마어마한 양과 속도를 자랑하는 번식력에 있다. 인간은 태어나서 완전한 성인이 되도록 성장하려면 적어도 17~18년은 걸려야 한다. 미생물은 어떠한가. 유명한 미생물 가운데 하나인 대장균은 불과 20분이면 탄생과 성장이 완료된다. 이런 속도라면 10시간 이내에 무려 10개조의 자손을 퍼뜨릴 수 있다. 상한 음식을 먹으면 금방 배가 살살 아파진다. 상한 음식을 먹고 배가 아픈데 10년, 20년씩 걸리는 사람은 없다. 왜냐. 미생물의 이러한 번식 속도 때문이다. 그뿐이 아니다. 미생물은 지구상의 어떤 가혹한 환경에서도 억척스럽게 살아가는 강인한 생명력을 갖고 있다. 화산 지대나 수천 미터 깊이의 바닷속, 사막지대, 남북극 같은 극한 지역에서도 살아서 자손을 퍼뜨린다는 사실을 다시 한 번 명심하자.

미생물의 크기는 눈에 보이지도 않을 정도로 작은데도, 무게는 지구 생물 무게의 60%를 차지하고 있을 정도이니 그 수가 얼마나 많을지는 상상하기 어렵다. 그런데 현대 과학 기술로는 단지 1% 미만의 미생물만을 밝혀냈을 뿐이다. 일단 과학적으로 밝혀낸 미생물은 배양이 가능하다는 이야기다. 그러나 아직 발견되지 않은 나머지 99% 이상은 여전히 불모지로 남아 있다. 보물섬이 따로 없다.

물론 미생물의 수가 많다는 것, 우리 주변 어디에나 있다는 사실이 내가 강조하고 싶은 핵심은 아니다. 중요한 것은 미생물 유전체 기술의 본질이 어디에 있느냐 하는 문제이다. 다양한 환경에서 살아가는 다양한 미생물. 이 미생물들의 각종 특성을 최첨단 과학 기술로 밝혀내는 게 중요하다. 왜 밝혀내야 하느냐. 인간의 건강한 삶과 물질적 풍요에 절대적으로 보탬이 되기 때문이다. 이러한 이득은 결정적으로 국가 권력에 이바지하는 바가 매우 크다. 유전체를 통해서 미생물의 역할을 분석하는 것은 보물지도를 손에 쥐는 일이다. 미생물 유전체의 해독과 그 응용기술 개발은 지도를 들고 고속도로를 달리는 일이다.

그동안 우리나라는 1996년까지 신종 박테리아를 발표하는 국제학회지에 새로운 미생물을 한 개도 발표하지 못했었다. 하지만 미생물 전문가들의 성실한 노력으로 이제는 그 양상이 완전히 달라졌다. 2003년부터 세계 4위, 2위를 거쳐 2005년 이후에는 계속 1위를 지키고 있다. 참으로 기쁘고 의미 있는 성과이다. 바이오 첨단 산업에 있어서 대한민국의 미래는 밝고 화창하다. 각 대학의 바이오 관련 학과는 이공계에서 가장 높은 경쟁률을 보여주고 있다. 이것이 의미하는 바가 무엇인지 얼핏 생각해봐도 알 수 있다.

20세기까지 인간은 토지나 건물 같은 공간을 차지하는 영토 확장을 위해 싸워 왔고, 20세기 후반에는 정보 사회가 되었다. 짧은 시간에 더 많은 작업을 하게 되었고 여기서 중요한 것은 빠르고 정확한 정보를 확보하는 일이다. 이제 21세기는 지식이 물질이다. 지식이 창출하는 물질을 얻을 수 있는 가장 큰 보석 광산이 바로 미생물 세계라는 사실을 내가 강조하고 싶은 것이다. 이러한 이유로 21세기를 우리는 바이오 시대라고 부른다. 새로운 미생물에 관한 정보를 우리가 가지고 있으면 그 개발과 응용은 시간 문제일 뿐이다.

미생물은 물질적인 측면뿐만 아니라 현재 지구의 가장 어려운 당면 과제인 환경과 에너지 문제를 푸는 단초가 될 수도 있다는 점에서 매우 중요하다. 방사능 덩어리였던 원시 지구를 우리가 이렇게 안락하게 살 수 있는 환경으로 만들어준 미생물들은 또다시 그 위력을 발휘해 줄 것이다. 우리가 살아갈 미래 사회의 무대에 커튼이 열리는 순간, 빛나는 조명을 받고 서 있는 주인공을 만나게 될 것이다. 그가 바로 미생물이다.

이공계 온라인 군대로 미생물 강국을!

나라가 잘 되려면 중산층이 살아야 하고, 중산층을 살리려면 중소기업부터 살려야 한다. 대기업과 다른 특허 전문기업으로 만들어야 한다. 핵심은 이렇다. 중소기업에는 월급도 적으니까 연구

인력이 없다. 이 문제를 해결하기 위한 나의 생각은 온라인 군대를 만들어 활용하는 것이다. 이 세상엔 밤과 낮이 있듯, 군대를 온라인과 오프라인으로 양분하는 것이다.

우수한 이공계 인력들이 군에 오면 전공과 관련된 중소기업 연구소에 전자군복무를 시키는 것이다. 온라인으로 보고하고 관리하고, 한 달에 한번 부대가서 군복입고 훈련도 하게 한다. 중소기업은 가난한 주머니 털어 월급 줄 필요도 없이 우수한 인력들을 연구원으로 쓸 수 있다. 그 중소기업 관련 우수 연구대원이 세계적 전문 특허를 낼 수도 있다. 그런 특허를 군복무 중에 낸다면 6개월 일찍 제대도 시켜주고, 거기다가 또 특허가 나오면 보상하는 제도도 만드는 것이다. 자기 연구에 대한 현실적 지분을 가질 수 있도록 해줘야 의욕에 넘쳐 연구를 할 것이 아닌가. 그 다음 수출은 대기업의 몫으로 넘겨도 된다.

이스라엘은 지난 60여 년 간 우수한 인적 자원의 창의성과 재능을 최대로 활용하여 기술 집약형의 전력을 창출했다. 오늘날 이스라엘을 첨단 산업 강국으로 만든 원동력은 바로 첨단 과학기술로 무장한 군(軍) 시스템이다. 그 핵심에는 입영 대상자들의 적성을 고려하여 병과를 정하고, 그에 따른 전문적인 기술 교육과 훈련을 통해 창의적인 기술전문인을 양성하는 군복무 제도가 있었던 것이다. '탈피오트'라는 엘리트 군 프로그램이 그것이다. 매년 상위 2%

학생들이 지원해 그중 10%만이 통과할 정도로 엄격하다. 그들이 받는 훈련과 교육은 최고 엘리트 수준으로 알려져 있다. 이렇게 양성된 인재와 기술력으로 최첨단 무기를 개발하고 운용함으로써 병력이 적은 자국의 취약점을 극복했다. 세계 4위의 무기수출국이라는 지위는 그냥 얻어진 것이 아니다. '탈피오트'는 이스라엘의 생존 문제와 더불어 경제 산업 발전에도 막대한 기여를 하고 있다.

21세기 군대는 국가 방위뿐만 아니라 교육과 첨단 산업 분야에서도 중요한 역할을 한다. 첨단 과학 기술이 집약된 군대야말로 미래 우수 인재 양성과 선도적 첨단 기술 개발이 가능한 최적의 집단이다. 오늘날 생활필수품이 된 인터넷도 미국의 첨단 군사 기술 결과물인 '알파넷'에서 비롯됐다. 지금도 미국을 비롯한 세계 주요 국가들은 첨단 기술군 양성을 위해 국방 기술과 산업 기술을 함께 개발하는 'dual use technology' 정책을 펼치고 있다. 최고 지도부가 엔지니어 출신인 이웃 중국도 최근 군 수뇌부를 첨단 공군 중심으로 바꾸고 국방 예산을 국방 기술과 산업 기술 인력 양성에 투입하기 시작했다.

이제 우리도 국방 경쟁력과 산업 경쟁력을 동시에 강화하는 해답을 군 시스템에서 찾아야 한다. 우리 군의 우수한 인적 자원을 적극 활용하고 첨단 군사 기술 개발로 국방력과 산업 경쟁력을 동시에 키우는 국가 전략이 필요하다. 국방 R&D 예산의 대폭적인 확대와 함께 국가 우수 인력의 이공계 유인, 이공계우수 인력의 군 전력화를 위한 한국식 '탈피오트 프로그램'의 도입을 적극 검토해야 한다.

완력 군인보다는 창의적인 역량을 갖춘 군 인적자원의 중요성이 증대되고 있는 시점이다. 오늘날 전쟁의 승패는 몸으로 뛰는 육박전이 아니라 최첨단 무기를 개발하고 활용하는 머리에서 결정된다는 점을 명심해야 한다. 지금은 지식기반사회이다. 세계는 더 이상 영토 싸움에 골몰하지 않는다. 두뇌영토 확장에 더 주력하고 있다.

미국은 두뇌 영토 확장을 위해 외국의 우수한 이공계 두뇌들을 영입하고 시민권과 영주권을 주도록 이민법 개정을 강행하고 있다. 이는 오바마 대통령의 공약사항이기도 하다. 미국은 창의적 두뇌와 이들이 만들어내는 특허가 '보이지 않는 군대(Invisible Army)'라는 사실을 잘 알고 있다. 지식재산권이라는 '보이지 않는 군대'를 파병하여 지식경제권의 영토를 점령하겠다는 것이 오바마의 전략이다. 국가 경제 정책의 핵심을 특허 강화에 두고 '보이지 않는 군대'를 신속히 양산하고 이를 활용해 실제 군수 산업 수준의 일자리를 창출한다는 것이다.

오바마는 '특허 강화' 국가 전략을 독려하기 위해 세계 특허 출원 1위 기업인 IBM의 특허 총책임자를 특허청장으로 임명했다. 거기에서 나아가 지식재산권 사령탑 역할을 할 대통령 특보도 임명했다. 이렇게 지식 경제를 체질화하면 중국이 미국에 맞서 보려고 해도 언제나 그 머리 위에 올라앉아 있을 수 있다는 전략이다.

우리는 지금 청년 실업, 중년 실업으로 고통을 겪고 있다. 그러나 우리의 원자력 발전소 수출은 우리도 지식 경제로 일자리를 만들 수 있다는 신호탄이다. 지식 경제로 일자리를 만들기 위해서는 우수한 이공계 인력을 확보하고 온라인 군대를 만들어 국방도 지식 재산의 생산 현장으로 만들어야 한다. 미국과 일본에 비해 우리가 늦긴 했지만 우리에게는 우수한 두뇌가 있다. 우리가 머리 싸움에는 일가견이 있는 민족이라고 나는 생각한다.

이공계의 여러 분야 중에서도 바이오 분야는 매우 중요하다. 국가 산업적으로 전망이 밝기도 하지만 외면하고 있다가는 한 순간에 모든 것을 다른 나라에 내어주어야 하는 위기에 몰릴 수 있기 때문이다. 앞으로 다가올 미래 지식사회의 주인공이 미생물이라는 점은 이 책에서 거듭 강조하고 있다. 따라서 온라인 바이오 군대 양성은 지식 사회의 진정한 국력인 미생물 첨단 기술의 국방을 튼튼히 하는 가장 기초적이고 강력한 시스템이 될 것이다.

바이오 기술로 바이러스 전쟁에 대비

블루스 윌리스 주연의 영화 '식스센스'는 놀라운 반전이 백미다. 유령의 실체를 파헤치던 주인공이 마지막에서야 자신이 바로 유령이라는 사실을 깨닫는다. 그런데 주인공이 느꼈을 황망함이 우리에게 서서히 다가오는 것 같다. 성공적 진화를 통해 지구의 주인이 됐다고 자부했던 인류가 어쩌면 지구에는 잘못된 진화의 결과물에 불과할지도 모른다는 생각이 점차 공감을 얻어가고 있는 것이다.

1978년 영국의 과학자 제임스 러브록은 지구를 하나의 초생명체 '가이아'로 정의하며 지구 스스로가 전화작용으로 균형을 맞춘다는 이론을 제시했다. 그에 따르면 최근의 지구온난화, 폭염, 폭설, 빈번한 폭풍, 대지진과 쓰나미는 지구 생명체가 스스로 병을 치유해가는 과정으로 해석된다. 이 모든 것의 원인은 인간에 의한 환경파괴이다.

암세포는 폭발적인 자기 증식이 특징이다. 주변 환경을 파괴하면서 개체수를 급격히 늘려간다. 그러나 더 이상 주변 환경이 버티지 못하는 순간 같이 공멸하고 만다. 스스로의 터전인 지구 생태계를 파괴하는 인류는 지구 입장에서는 그야말로 암세포이다. 우리 몸의 방어 시스템이 백혈구라면 지구생명체의 방어시스템은 바이러스다. 내가 오래전부터 3차 세계 대전은 바이러스와 인류의 전쟁이 될 것이라 예상해 온 것도 이 때문이다. 지구 온난화는 바이러스에 의한 면역작용을 활발히 하기 위함이다. 그리고 그 소멸 대상은 암세포, 즉 바로 인류다.

바이러스 전쟁은 이미 오랜 전부터 시작되었다. 1918년 발병한 스페인 독감은 5천만 명의 희생자를 냈다. 바이러스가 승리하던 상황은 항생제 개발로 역전되었다. 그러나 간헐적이던 바이러스 공격이 빈번해지고 강해짐에 따라 최종 승패를 가늠하기 어려워졌다. 바이러스 전쟁은 현실화되었으며 이제는 이 전쟁에서 이길 방법을 찾아야만 한다.

첫째, 바이러스와의 전쟁을 위한 첨단무기 개발을 서둘러야 한다. 과거 페니실린의 발견으로 많은 생명을 구한 것처럼 신약 개발은 바이러스와의 전쟁을 위한 강력한 무기이다. 한편 신약 사업은 국가 경제 차원에서는 또 다른 성장의 기회가 될 수도 있다. 부도 직전의 스위스 제약회사 로슈는 조류독감 바이러스의 치료약 타미플루의 개발로 돈방석에 앉았다. 향우 바이러스와의 전쟁이 격렬해질수록 제약 등 의료 산업의 시장 규모는 폭발적으로 증대할 수밖에 없다. 바이러스와의 전쟁에 대비한 신전략방위산업의 하나로 건강 관련 산업에 대한 전략적 투자를 강화해야 한다.

둘째, 개인적인 전투력, 즉 바이러스에 대한 면역력을 강화해야 한다. 면역력 강화를 위한 핵심은 운동이다. 특히 누구나 부담없이 할 수 있는 걷기야말로 전 국민의 면역력 강화를 위한 핵심 정책으로 추진해야 한다. 걷는 운동만으로도 체온 상승, 체내 효소 촉진, 백혈구 활동 증가 등으로 30% 정도 바이

러스 저항력이 커진다고 한다. 독일의 철학자 니체는 '가능한 한 앉아서 지내지 말라. 자연 속에서 자유롭게 몸을 움직이면서 얻는 게 아니라면 어떤 사상도 믿지 말라. 그 사상의 향연에 몸이 참석하지 않았다면 말이다'라고 말했다.

끝으로, 지구생명체와의 공존을 위한 우리 모두의 건전한 가치관 확립이 시급하다. 지구온난화, 이상 기후, 바이러스 창궐 등 모든 문제의 근본 원인은 인간에게 있다. 따라서 개별 문제에 대한 땜질식 대처는 결코 근본적인 해결책이 될 수 없다. 과학기술의 발달로 효과적인 항생제 등 대처 방법이 개발되고 우리의 면역력이 아무리 강화되더라도 새롭고 강한 변종 바이러스의 출현은 이를 한순간에 무너뜨릴 수 있다. 따라서 전 인류가 지구의 암세포가 아닌 진정한 동반자, 사랑하는 연인으로 거듭날 수 있도록 지구생명체에 대한 새로운 가치관을 가져야 한다.

특히 우리나라는 인구 과밀로 바이러스 전쟁의 최대 취약 국가임을 명심하자. 따라서 바이러스 전쟁에 대비해 운동 부족인 노약자, 영유아의 예방 백신, 전 국토의 위생 관리, 가축사육의 첨단과학화 등의 대책을 국가적 차원에서 마련해야 한다.

미생물이 이끌어갈 신세계를 향하여

미생물에 대한 나의 관심은 무척 오래 되었다. 어느 순간부터는 단순한 관심의 차원을 넘어서 앞으로 미생물의 역할이 어마어마할 것이라고 확신하며 미생물 전도사 노릇을 자청하고 있다. 나는 어째서 앞으로 미생물의 활약이 두드러질 것이라고 확신하는가.

지금 우리가 살아가고 있는 지식 사회의 의미를 따져보는데서 출발해보자. 단순하게 언급하자면, 인간의 지식 사회는 농업 사회부터 시작되어 산업 사회, 정보화 사회로 변화되어 왔다. 농업 사회는 당연히 농업기술 혁명에 의해 시작되었다. 그 다음 산업 사회는 각 분야의 종합기술 혁명으로 일대 변화를 가져왔다. 가장 최근의 정보화 사회는 정보통신 기술로 인해 그야말로 세기적 변화와 혁명을 일으키고 있다. 더 이상의 혁명은 이제 없을 것만 같을 정도의 위력이다. 그러나 오늘날 지구 구석구석에서는 조용한 변화가 다시 시작되고 있다. 바로 바이오 혁명이 일어나고 있는 것이다. 바이오 혁명의 가장 기본이 되는 그 주인공이 바로 미생물이다.

미생물의 위력은 이미 지구가 처음 생길 때부터 드러났다. 독가스 방사능 덩어리를 미생물들이 식사로 먹어치우고 배설물을 냈다. 그 배설 물질이 바로 식물이 자라는 비료가 되어 오늘날 녹색지구가 되었다는 것은 지구물리학자들의 공통적인 의견이다. 처음부터 이야기했지만 미생물은 생명 넘치는 그린 환경을 만든 산모이다. 그러므로 나는 지구 문제의 모든 핵심이 여기에 있다고 보는 사람이다.

그러나 아무리 훌륭한 최첨단 과학 기술을 개발했다고 하더라도 실용화가 불가능하다면, 가능하더라도 시간과 비용이 지나치게 많이 든다면 아무 소용이 없다. 그런데 미생물은 이 문제를 손쉽게 해결해버린다. 미생물의 성장이 워낙 빠르기 때문이다. 바이오 기술 중 특히 미생물 산업은 20~30분 이내에 두 개 이상의 완전체로 자라난다. 미생물의 빠른 성장 속도 덕분에 기초 연구에서 실용화 단계까지의 시간적 간격이 다른 분야에 비해 매우 짧다.

게다가 미생물 자원은 어디에나 수없이 많이 널려 있다. 흙 한 줌, 물 한 방울이면 충분할 정도이다. 이렇게 연구 자원이 풍부하고 접근이 쉬우며 경제적 이익이 큰 산업은 아마 미생물 산업 외에는 없을 것이다. 정부는 일자리 문제를 해결하려는 각종 정책들을 쏟아내고 선거 때마다 후보들의 공약으로 일자리 창출을 외치고 있지만, 아직까지 제대로 실현된 것들은 하나도 없다. 사회적 노동 구조만으로는 해결될 수 없는 문제이다. 미생물 산업의 가치에 눈을 뜨는 순간, 일자리 창출은 얼마든지 가능하다. 단지 미생물 전문가들에게만 해당하는 산업이 아니기 때문이다. 미생물은 우리의 의식주부터 각종 환경, 질병, 에너지 등 인간이 겪고 있는 거의 모든 문제의 열쇠를 쥐고 있다.

미생물은 크기가 작은 만큼 분석도 쉽게 할 수 있다. 인간의 경우 약 25,000개 정도의 유전자가 존재하는 데 비해, 미생물은 수천 개 이상의 유전자가 존재하며 쉽게 분석되기 때문에 실재적으로 유용성이 아주 높다. 연구와 분석을 하는 시간과 비용에 비해 실용적으로 활용 가능한 개체 수가 그만큼 많고 응용가치 또한 상당히 높다.

아직도 미생물 연구는 무한하다. 일반적으로 가장 잘 알려진 대장균, 요구르트나 김치를 만드는 유산균, 메주를 만드는 곰팡이 등의 미생물 연구도 완료된 것이 아니다. 우리 생활과 밀접한 식품에 들어 있는 미생물들도 그 기능과 특성이 일부분만 밝혀져 있을 뿐이다. 미생물에 대한 정보가 더 많이 밝혀질수록 새로운 소재와 공정을 개발할 수 있는 가능성은 높아진다.

미생물은 이제 현재와 미래를 잇는 중요한 산업적 비중을 차지하고 있다. 미생물 산업은 다른 분야의 산업들과 긴밀한 관계를 맺고 있기 때문에 각종 기술 산업과의 융합을 가능하게 한다. 가능할 뿐만 아니라 반드시 기술 융합을 시도해야만 한다. 미생물은 환경, 에너지, 나노, 섬유, 전자, 건축, 기계 등 각 분야에 새로운 생명력을 불어넣어 미래 사회의 문을 생기 있게 열어줄 것이다.

이제는 컴퓨터라는 첨단 기술 장비가 있어 미생물 연구는 더욱 박차를 가할 수 있게 되었다. 미생물을 일일이 검출하고 분리, 배양하여 분석하던 전통적인 방법은 시간이 많이 걸리고 비효율적이었다. 컴퓨터를 이용하여 미생물 정보를 입력하고 가상으로 배양해서 빠르고 정확한 분석과 검증이 가능해졌다. 그만큼 생산성을 높이기 유리한 조건이 되었다.

미생물은 현대 과학으로 풀지 못하는 각종 난제를 풀어줄 뿐만 아니라, 신소재를 개발하고 활용하며 무공해의 질 높은 삶을 제공해줄 것이다. 눈을 크게 뜨자. 미생물이 이끌어갈 신세계가 눈앞에 다가왔다. 호기심과 궁금증으로 가득한 어린아이의 눈으로 미생물의 신비한 세계를 자세히 들여다보자. 거기에 신세계가 있다. 아인슈타인의 말을 빌어 미생물에 대한 나의 관심과 사랑을 대신 전하며 이 책을 마무리하고자 한다.

"우리가 경험할 수 있는 일 가운데 가장 굉장한 일은, 신비이다. 그것은 과학의 요람 곁에 서 있는 기본적인 감정이다. 신비를 모르는 사람, 더 이상 이상하게 여기지 않는 사람, 놀라움과 경이로움을 느끼지 않는 사람, 그들은 죽은 사람과 다름없다." (*)

이상희 지음

1판 1쇄 냄 2013년 9월 5일

펴낸이 권주홍　**펴낸곳** 상상가가

출판등록 제 2011-07호

주소 153-803 서울시 금천구 가산디지털1로 226

에이스하이앤드타워 5차 1603

전화 02 322 0758　**팩스** 02 322 0782

홈페이지 www.ssgg2000.com

공급처 가나북스 (www.gnbooks.co.kr)

값 11,000원

ISBN 978-89-969889-0-8

국립중앙도서관 출판시도서목록(CIP)

미생물을 제대로 아시나요? : 병든 지구와 인간을 살리는 명의 / 저자: 이상희. -- [서울] : 상상가가, 2013
p. ; cm

ISBN 978-89-969889-0-8 03400 : ₩11000

미생물학[微生物學]

475-KDC5
579-DDC21 CIP2013014868